U0162938

图说
灯下昆虫

—— 上海地区常见趋光昆虫图册 ——

Atlas of Common Phototactic Insects
in Shanghai Green Spaces

朱春刚 章一巧　　 / 编著

上海文化出版社
SHANGHAI CULTURE PUBLISHING HOUSE

编委会

主　编：朱春刚　　章一巧

副主编：刘　莹　　孔里微　　涂广平

参编人员、提供资料和图片人员（以姓氏笔画为序）：

王一椒　　孔里微　　朱春刚　　朱　瑾　　刘　莹　　李　丽

陈东旭　　杨晓敏　　周剑迅　　罗　萝　　胡佳耀　　涂广平

钱　炯　　袁冬梅　　龚　宁　　章一巧　　韩嘉寅

内容简介

　　昆虫是生物界最庞大的动物类群,已发现种类达一百多万种,与人们的生产、生活都有着密切的关系。在城市公园绿地栖息的各类昆虫,构成了绿地中的能量循环,也是城市绿地生物多样性的重要组成部分。面对种类繁多的昆虫,监测、植保等专业技术人员需要对特定种类进行准确识别处理,而自然爱好者也希望通过观察、采集、认识昆虫,去探索大自然的奥妙。

　　本书按目、科分类,收录了上海地区灯下常见昆虫共7目32科173种,其中植食性昆虫155种,捕食性昆虫17种,中性昆虫1种。每种昆虫列有学名、常用名、别名、外部形态特征简述、主要寄主(或捕食性昆虫的主要猎物)、主要发生期及成虫照片,并对部分种类提供了昆虫展翅标本照片。对于发生较普遍、对绿化植物危害较大的种类提供了危害虫态照片及危害症状,帮助读者进一步加深对该害虫的了解。书末列有中文名称索引和学名索引,方便检索。

　　本书既可为从事园林绿化植物保护工作的技术人员、绿化有害生物监测人员、一线养护人员等专业人员提供参考,同时为广大昆虫爱好者提供一份辨别、鉴定灯下常见昆虫的入门实用导引,更可帮助感兴趣的大众读者认识都市的生物多样性和自然界的丰富多彩。

前　言

　　城市绿化是城市中唯一有生命的基础设施，随着人民生活水平的不断提高，对居住环境的要求也越来越高，随之而来的是城市绿化建设的日新月异。据统计，截至目前，上海地区公园绿地总量已达到 13.6 万余公顷，人均公园绿地面积为 8.2 平方米，城市绿化不仅极大地改善了市民的生活环境质量，而且在城市中发挥着重要的生态效益。

　　在城市绿化中栖息着很多昆虫，它们种类丰富，数量繁多，有的是以绿化植物为食的害虫，有的是以害虫为食的天敌昆虫，还有的是重要的分解者，在保持城市生态系统平衡中发挥着重要的作用。这些昆虫相互依存、相互制约，既相生又相克，构成了城市绿化中的能量循环，促进了植物的健康生长，产生了重要的生态效益，维护了城市绿化生态平衡，是城市生物多样性的重要组成部分。除此以外，昆虫还是很多市民的童年记忆，是四季交替的指示象征，昆虫与植物的和谐共生构成了一幅美丽的城市生活画卷。

　　虽然昆虫在城市绿化中扮演着不可或缺的角色，但是有时也会带来巨大的破坏。某些植食性昆虫种类的大发生不仅会对植物正常生长造成危害、对城市景观面貌造成破坏，甚至会给城市生态带来不良影响。这些昆虫的大发生需要通过人为干预来降低其种群数量，以保持城市绿化生态环境的平衡与发展。

　　为了深入了解城市绿化中昆虫的种群结构、数量和发生规律，避免昆虫大发生现象给城市绿化带来破坏，我们在公园绿地中设置了用于诱集昆虫的多功能测报灯，通过灯光诱捕的方法对周边的昆虫发生情况进行监测与调查。

由于诱集到的昆虫种类繁多, 要求采集人员具有较为丰富的昆虫分类专业知识才能加以正确鉴别。为帮助昆虫调查和采集人员开展昆虫鉴别, 我们对本市灯下常见昆虫的形态特征进行了简明扼要的描述, 每种昆虫配以成虫图片, 部分种类还展示了昆虫其他虫态的照片, 以实现对常见昆虫种类进行快速识别和进一步了解的目的。

本书编写是基于上海地区绿化植物保护技术人员多年技术资料和工作经验的总结和积累: 上海市绿化管理指导站教授级高工严巍老师对本书的策划、撰稿及内容审定给予了指导和帮助; 上海市绿化管理指导站孔里微、章一巧、涂广平、刘莹、陈东旭、朱瑾、龚宁、周剑迅等同志共同参与了文字内容的整理和编写; 上海辰山植物园李丽、罗萝、王一椒等制作了大量昆虫标本, 为本书图片拍摄提供了较好的素材; 涂广平、周剑迅、孔里微三位同事也采集了大量灯下昆虫作为图片素材; 相关单位绿化有害生物监测人员提供了部分昆虫图片。本书还得到了《辰山植物园灯下优势害虫监测技术研究》(编号: G162421)、《上海地区城市树木生态应用工程技术研究中心》(编号: 17DZ2252000) 等项目的支持与资助, 在此对大家的努力和付出表示感谢。

作者知识水平有限, 木书内容难免疏漏和失误, 敬请读者批评指正。

作者

2020 年 10 月

目 录

直翅目
Orthoptera

直翅目昆虫包括常见的蝗虫、蚱蜢、螽斯、蟋蟀、蝼蛄等，除少数为肉食性、捕食其他昆虫外，绝大多数为植食性种类，其中不少是农、林、园艺等植物上的重要害虫。直翅目昆虫成虫大多能够发音，有些鸣声悦耳动听，是有名的鸣虫。有的性好斗，有的形态奇怪，美丽，或有拟态，是重要的观赏娱乐资源昆虫。全世界已知约 2.3 万种，大多发生在热带地区，但温带地区数量也不少。

本目昆虫一般体型中到大型；有翅、短翅或无翅；口器咀嚼式；前胸背板大；后足跳跃式，附节 3 节或 4 节，极个别为 5 节或 2 节；前翅为覆翅，皮革质，有亚前缘脉，若虫变为成虫要经过翅的翻动（若虫后翅覆于前翅上，成虫前翅覆于后翅上）；雌虫有发达的产卵器；尾须短，分节不明显；常有发达的发音器和听器；发育类型为渐进变态。

蝼蛄科 Gryllotalpidae

本科昆虫是重要的地下害虫类群，喜欢栖息于温暖潮湿腐殖质多的壤土或砂壤土中，以成虫或若虫在土壤深处过冬，1—3 年完成 1 代。春、秋两季特别活跃，昼伏土中，夜间在地面活动，咬食播下的种子，尤喜初发芽的种子，使幼苗枯死或生长不良，或咬食靠近地面的嫩茎，常将幼苗咬断。在土中穿行，形成隧道，使土壤松动隆起，造成作物根土分离，无法有效吸收土壤水分而死。

圆锥形，触角丝状。前胸背板卵圆形，中间具一暗红色长心脏形凹陷斑。前翅灰褐色，较短，仅达腹部中部。后翅扇形，超过腹部末端。腹末具 1 对尾须。前足为开掘足，后足胫节背面内侧有 3—4 个距。

以成、若虫危害果树、林木种苗及蔬菜种苗，在土壤中活动时对草坪和灌木根部造成损伤，影响植物健康生长。上海地区 6—9 月份灯下可见成虫。

东方蝼蛄

Gryllotalpa orientalis Burmeister

别名土狗子、拉拉蛄。成虫体长30—35 毫米，灰褐色，全身密布细毛。头

❶ 东方蝼蛄 成虫
❷ 东方蝼蛄 若虫
❸ 黑麦草（寄主植物）

螳螂目
Mantodea

　　螳螂目昆虫包括各种螳螂, 全世界已知 2380 多种, 成、若虫均为肉食性, 捕食其他昆虫及小动物, 其卵鞘可入中药, 既是重要的天敌昆虫, 又是重要的药用资源昆虫。

　　本目主要识别特征是: 体长多为 10—140 毫米的中、大型昆虫。头能动、三角形; 口器咀嚼式; 触角长, 多丝状。前胸长; 前足捕捉式; 中、后足细长, 适于步行。前翅为覆翅, 后翅膜质, 臀区大, 休息时平放于背上。

　　发育类型为渐变态。成虫和若虫均为捕食性。卵粒为卵鞘所包, 卵鞘称螵蛸, 附于树枝或墙壁上。

螳螂科 Mantidae

螳螂科昆虫体型小到大型,形状多样。前足腿节腹面内缘的刺长短交互排列,前足胫节外缘的刺直立或倾斜,彼此分开,有的退化。头宽大于长,复眼大,单眼仅雄成虫的发达。雌成虫的翅常退化或消失。

中华大刀螂

Paratenodera sinensis Saussure

雌成虫体长 74—90 毫米,雄成虫体长 68—77 毫米,体暗褐色或绿色,头三角形,复眼大而突出。触角细长多节。前胸背板前端略宽于后端,前半部中纵沟两侧排列有许多小颗粒,侧缘齿列明显,后半部稍长于前足基节长度,中隆起线两侧的小颗粒不明显,侧缘齿列不显著。前翅膜质,前缘区较宽,草绿色,革质。后翅黑褐色,末端略超过前翅,前缘区为紫红色,全翅布有透明斑纹。足细长,前足为捕捉足,中、后足细长,适于步行。前足基节下部外缘有 16 根以上的短齿列,腿节下部外缘有刺 4 根,等长,下部内缘有刺 15—17 根,中央有刺 4 根,其中以第 2 根刺最长。卵鞘楔形,沙土色或暗沙土色,长 14—30 毫米,宽 13—18 毫米,高 13—19 毫米。表面粗糙,孵化区稍突出。

是重要的天敌昆虫,可捕食杨扇舟蛾、杨毒蛾、侧柏毒蛾等 40 多种农林害虫,灯下偶然可见成虫。

中华大刀螂

广腹螳螂

Hierodula patellifera (Serville)

雌成虫体长 57—63 毫米, 雄成虫体长 51—56 毫米, 体绿色或褐色, 头三角形, 复眼发达, 触角细长。前胸背板粗短, 呈长菱形, 侧缘具细齿, 前半部中纵沟两侧光滑, 无小颗粒。前胸腹板平, 基部有 2 条褐色横带。中胸腹板上有 2 个灰白色小圆点。前足基节具 3 个黄色圆盘突, 腿节粗, 侧扁, 内缘、外缘及内缘和外缘之间具相当长的小刺, 胫节长度为腿节的 2/3。中、后足基节短。腹部很宽 (中文名由此而来)。前翅前缘区宽, 翅长明显超过腹部末端, 径脉处有一浅黄色翅斑。后翅与前翅等长。卵鞘长圆形, 深棕色, 长约 25 毫米, 宽约 13 毫米; 孵化区浅棕色, 稍突出。

是重要的天敌昆虫, 若虫捕食蚜虫、叶蝉和粉虱等, 成虫捕食多种害虫的幼虫和成虫。灯下偶然可见成虫。

❶ 广腹螳螂 卵鞘　❷ 广腹螳螂 若虫　❸ 广腹螳螂 成虫

等翅目
Isoptera

等翅目昆虫中文名白蚁或螱。白蚁是多型性社会昆虫，在一个群体中常存在着有翅与无翅的雌蚁和雄蚁（繁殖蚁）及大量无翅不育的工蚁、兵蚁和若蚁。为害房屋等建筑物，也危害树木，造成重要经济损失，也引起一定的安全隐患。

本目主要识别特征是：体小至大型。头骨化，能活动。复眼无。触角念珠状，多节。咀嚼式口器常发达，兵蚁的上颚大，镰刀状。前胸较头部宽或窄，足粗短，跗节常4节，少数3或5节。无翅、短翅或大翅，两对膜质翅的大小、形状常相似，纵脉少，缺横脉，休息时翅平覆在腹部背面并向后远超过腹部末端，翅脱落后，仅留下翅鳞。

鼻白蚁科 Rhinotermitidae

鼻白蚁科兵蚁上唇比较发达，伸向前方，呈鼻状，因此而得名。不同类群上唇形态变化颇大。各类群头部均有囟，触角13—23节。有翅成虫一般有单眼。左上颚3枚缘齿。前翅鳞一般远大于后翅鳞，并与后翅鳞重叠。

由于中国气候温暖，地貌复杂多样，一些地区潮湿，鼻白蚁科的种类异常丰富。目前已知4亚科7属。不少属种严重为害房屋、木材、树木等，成为世界性重要害虫，如台湾乳白蚁。

台湾乳白蚁

Coptotermes formosanus Shiraki

别名家白蚁。有翅成虫头背面深黄褐色，胸、腹背面褐黄色，较头色淡。翅微呈淡黄色。前翅鳞较大，覆盖于后翅鳞。触角19—21节。前翅后翅等长，且长于体长。兵蚁头及触角浅黄色，上颚

黑褐色，腹部白色，头后部呈圆形，大而显著，位于头前额中央有一微突起的短管，遇敌时即由此分泌出乳状液体。工蚁头微黄，腹部白色，头后部呈圆形，而前部呈方形，最宽处在触角窝部。

在城市绿地或行道树上可危害悬铃木、香樟、枫杨、水杉、银杏等多种树木。上海地区6—7月灯下可见成虫，常在短期内大量集中发生。

❶ 工蚁和兵蚁　❷ 蚁后　❸ 有翅繁殖蚁　❹ 蚁路　❺ 台湾乳白蚁危害状

半翅目
Hemiptera

半翅目昆虫常见的有椿象（蝽）、蝉、沫蝉、叶蝉、角蝉、蜡蝉、蚜虫、粉虱、木虱、介壳虫等，是昆虫纲中最大的类群之一，广泛分布于世界各地。它们吸食植物汁液或捕食小动物，一些是农、林业害虫或益虫，少数吸食血液、传播疾病。有些种类可以分泌蜡、胶或形成虫瘿，生产五倍子（可作中药），是重要的工业资源昆虫，有一定的药用价值。有的鸣声悦耳动听，有的形态奇特，是重要的观赏昆虫。

本目昆虫主要识别特征是：成虫体形多样，小至大型，体长 2—110 毫米。复眼大，单眼 2—3 个，或缺。触角丝状、鬃状、线状或念珠状。头后口式，口器刺吸式。前胸背板大，中胸小盾片发达，外露。前翅半鞘翅或质地均一，膜质或革质，休息时常呈屋脊状放置，有些蚜虫和雌性介壳虫无翅，雄性介壳虫后翅退化成平衡棒。发育类型为不全变态，若虫似成虫。

蝉科 Cicadidae

蝉科成虫生活在树上,卵产在植物组织中。幼虫期生活在土壤中,能刺吸植物汁液,前足腿节粗状,开掘式。幼虫的蜕称蝉蜕,若虫被真菌寄生形成蝉花,两者均可入中药。

我国已知种类近 200 种。常见种如鸣鸣蝉(蛁蟟)、蚱蝉、蟪蛄等,为害多种树木的枝条。

黑蚱蝉

Cryptotympana atrata (Fabricius)

别名蚱蝉、黑蚱、蚱蟟、知了。成虫体长 38—48 毫米,翅展 125 毫米左右。体黑褐色至黑色,有光泽,覆金色细毛。头部中央和平面的上方有红黄色斑纹。复眼突出,淡黄色,单眼 3 个,呈三角形排列。触角刚毛状。中胸背面宽大,中央高突,有"X"形突起。翅透明,基部翅脉金黄色。前足腿节有齿刺。雄虫腹部第 1—2 节有鸣器,雌虫腹部末端有发达的产卵器。

成虫刺吸植物汁液并在小枝产卵,可引起小枝枯死,危害悬铃木、香樟、桂花等多种植物。上海地区 6—9 月灯下可见成虫。

❶ 黑蚱蝉 成虫　❷ 产卵枝　❸ 成虫产卵引起枯枝

蚱蟟

蒙古寒蝉

蟪蛄

蚱蟟

Oncotympana maculaticollis (Motschulsky)

别名鸣鸣蝉、蚱蝉。成虫体长33—36毫米，头顶到末端长56—63毫米。体背黑色，较扁平，胸部背面有灰绿色至黄褐色斑纹，腹端部3节稍尖。翅透明，翅脉黄褐色至黑褐色，前翅横脉上有4个淡褐色斑，外缘脉端有6个颜色更淡的褐色斑。腹背两侧每节有灰绿至黄褐色。足内侧的颜色同腹面。

成虫刺吸植物汁液并在小枝产卵，可引起小枝枯死，危害悬铃木、杨、柳、樱花等多种植物。上海地区6—9月灯下可见成虫。

蒙古寒蝉

Meimuna mongolica (Distant)

成虫体长28—35毫米，体背灰褐色，有绿色斑纹。前后翅均透明，前翅第2、3端室横脉具灰褐色斑点。雌成虫具明显突出于腹末的产卵器。

成虫刺吸植物汁液并在小枝产卵，可引起小枝枯死，危害悬铃木、柳等植物。上海地区6—9月灯下可见成虫。

蟪蛄

Platypleura kaempferi (Fabricius)

别名花蝉。成虫体长约20—25毫米，是一种比较小型的蝉，头及胸部背面橄榄绿色，前胸背板向两侧扩张，呈钝角。体暗绿色，带黄斑，前翅基半部不透明，有多块暗褐色斑纹。

成虫刺吸植物汁液并在小枝产卵，可引起小枝枯死，危害柳树、红枫等植物。上海地区6—9月灯下可见成虫。

蜡蝉科 Fulgoridae

蜡蝉科昆虫体中到大型，美丽而奇特。头大多圆形，有些具大型头突，直或弯曲。胸部大，前胸背板横行，前缘极度突出，达到或超过复眼后缘。中胸盾片三角形，有中脊线及亚中脊线。前后翅发达，膜质，翅脉到端部多分叉，并多横脉，呈网状前翅。后足胫节多刺。腹部通常大而宽扁。

本科全世界已知 120 属，共 700 多种。中国已记载 20 多种。常见种类如斑衣蜡蝉，为害椿树等经济作物，成、若虫体含斑蝥素，可入中药。龙眼鸡是我国南方龙眼、荔枝、乌桕等作物的害虫。

斑衣蜡蝉

Lycorma delicatula (White)

雄成虫体长 14—17 毫米，翅展 40—52 毫米。雌成虫体长 18—22 毫米，翅展 50—52 毫米。虫体隆起，头部小。前翅长卵形，基部 2/3 淡褐色，上布 10—20 个黑色斑点，端部 1/3 黑色，脉纹白色。后翅扇形，基部一半红色，有黑斑 6—7 个，翅中有倒三角形的白色区，翅端部和脉纹均为黑色。

成、若虫刺吸危害臭椿、香椿、苦楝、栎树等植物，其排泄物还可引起植物煤污病。上海地区 6—9 月灯下可见成虫。

❶ 斑衣蜡蝉 成虫
❷ 斑衣蜡蝉 卵块

❸ 斑衣蜡蝉 低龄若虫
❹ 斑衣蜡蝉 高龄若虫
❺ 斑衣蜡蝉成虫和若虫危害引起的煤污病

透明疏广蜡蝉

八点广翅蜡蝉

广翅蜡蝉科 Ricaniidae

广翅蜡蝉科昆虫体小至大型。前翅宽大呈三角形,形似蛾,静止时翅覆于体背呈屋脊状。头宽广,与前胸背板等宽或近等宽,头顶宽短,边缘具脊。触角柄节短,第2节常近球形,鞭节短。前胸背板短,具中脊线,中胸背板很大,隆起,有3条脊线。前翅大,广三角形,端缘和后缘近等长,前缘多横脉,但不分叉,后翅小,翅脉简单,横脉较少。

本科已知41属,400余种,中国记载30多种。常见种类有透明疏广蜡蝉、八点广翅蜡蝉等。

透明疏广蜡蝉

Euricania clara Kato

别名透翅疏广翅蜡蝉。成虫体长5—6毫米,体栗褐色。中胸盾片近黑褐色。前翅略呈黄褐色透明,翅脉均为褐色,前缘有褐色宽带,前缘宽带上近中部有一明显黄褐色斑,外缘和后缘仅有褐色细线。后足胫节外侧有2个刺。

成、若虫刺吸危害桃、香樟、女贞、海棠、白蜡、喜树等植物。上海地区7—8月灯下偶见成虫。

八点广翅蜡蝉

Ricania speculum (Walker)

别名八点光蝉、八点蜡蝉。成虫体长6—8毫米,翅展16—18毫米。头胸部黑褐至烟黑色,腹部褐色。前翅褐色至烟褐色,前缘近端部2/3处有1块半圆形透明斑,翅外缘有2块透明大斑,翅中部有深褐色斑2块,斑外有白色细边。

成、若虫刺吸危害桃、桂花、柳、梅、迎春、玫瑰等植物。上海地区7—8月灯下偶见成虫。

圆纹宽广蜡蝉

圆纹宽广蜡蝉

Pochazia guttifera Walker

　　成虫体长 8—10 毫米, 翅展 15—26
毫米。头、胸部棕褐色至黑褐色, 腹部淡
棕褐色。前翅深褐色至烟褐色, 前缘约
2/3 处具一三角形透明斑, 翅面近中部具
一较小的近圆形透明斑, 周围有黑褐色
宽边, 外缘有 2 个狭长的透明斑。前斑
长圆形, 后斑椭圆形。后翅黑褐色, 半透
明。翅面被薄棕褐色蜡粉。

　　成、若虫刺吸危害香樟、女贞、紫薇、
红叶李、火棘等植物。上海地区 8—9 月
灯下偶见成虫。

白痣广翅蜡蝉

Ricanula sublimata (Jacobi)

　　成虫体黑色, 复眼深红色, 前缘端
部 1/3 处具 1 枚三角形白斑。

　　成、若虫刺吸危害多种灌木。上海
地区 8—9 月灯下偶见成虫。

白痣广翅蜡蝉

蛾蜡蝉科 Flatidae

蛾蜡蝉科昆虫体中到大型，蛾形，多呈褐色或淡绿色，有些种类色泽艳丽。头部比胸部狭。翅比体长，静止时屋脊状，有的平置腹背上。前翅宽大，近三角形，翅脉网状，端脉常分叉，前缘区多横脉。后翅宽大，横脉少，翅脉不呈网状。二型现象比较常见。成虫和若虫均喜群栖。若虫体常被弯曲的长蜡丝。

本科已知 212 属，1000 余种，分布于世界各地，我国已记载约 40 种。重要经济种类有碧蛾蜡蝉，在我国南北均有分布，为害柑橘、柿、苹果等果树；褐缘蛾蜡蝉分布于我国南方，为害咖啡、茶、柑橘等。

褐缘蛾蜡蝉

Salurnis marginella (Guérin)

别名青蛾蜡蝉。成虫体长 8 毫米左右，呈鲜艳的黄绿色，有时微被白色蜡粉。复眼黄绿色，前胸背板具 3 条橙色纵纹。前翅周缘具褐色边纹。翅脉粗，深黄绿色，呈网状。顶角突起前缘近顶角

褐缘蛾蜡蝉

处具一褐色斑。

成、若虫刺吸危害紫荆、女贞、海桐等植物。上海地区 6—8 月灯下偶见成虫。

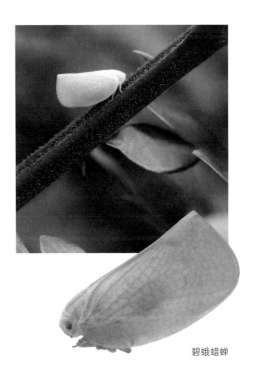

碧蛾蜡蝉

碧蛾蜡蝉

Geisha distinctissima (Walker)

成虫体长 7 毫米左右，翅展 21 毫米左右。体黄绿色，腹部浅黄褐色，覆白粉。前翅宽阔，外缘平直，翅脉黄色，脉纹密布似网纹，红色细纹绕过顶角经外缘伸至后缘爪片末端。后翅灰白色，翅脉淡黄褐色。静息时，翅常纵叠成屋脊状。

成、若虫刺吸危害枫香、樟树、榆、桃等植物。上海地区 6—8 月灯下偶见成虫。

黄足直头猎蝽

黑光猎蝽

猎蝽科 Reduviidae

猎蝽科已知种类都为捕食性,是一个捕食性昆虫大科。多数猎蝽捕食小动物和昆虫,栖息在植物上的种类捕食同翅目、半翅目、鞘翅目、鳞翅目、双翅目和膜翅目等各种害虫,可称为益虫;但也有捕食蜜蜂等昆虫的种类,则为害虫。

黄足直头猎蝽

Sirthenea flavipes (Stal)

成虫体黑褐色,光亮,体长 18—21毫米。头、前胸背板前叶黄色至黄褐色,触角第 1 节、第 2 节基部及第 3 节(除基部外)、喙、革片基部、爪片两端、膜片端部、足、腹部侧接缘斑点、腹部基部及末端的色斑均为土黄色,腹部腹面中央黄褐色到红褐色,单眼周围及其前缘横缢黑色。头平伸,头的眼前部分显著长于眼后部分;触角第 1 节不达头的端部,

第 2—4 节几乎等长。前胸背板前缘凹入,中央有纵纹。前翅一般不超过腹部末端,仅个别雄虫的前翅超过腹末。

是重要的天敌昆虫,可捕食多种害虫。成虫趋光性较强,灯下常见。

黑光猎蝽

Ectrychotes andreae (Thunberg)

成虫体长 11—17 毫米,体黑色,具蓝色闪光。足转节、腿节基部、腹部腹面大部红色,腹侧缘橘黄色至红色,雄性第 6 腹节后部、雌性第 3—6 节具黑斑。翅基黄白色。触角 8 节,向端部渐细,表面被细毛,前胸背板前叶小,后叶大,两者之间具横沟,前叶后部及后叶前半部中央具纵沟。雌性翅端不达腹末。

是重要的天敌昆虫,可捕食多种鳞翅目和膜翅目幼虫,也捕食马陆。灯下偶见成虫。

缘蝽科 Coreidae

本科昆虫为中等或大型椿象，体形多样，黄、褐、黑褐或鲜绿色，个别种类有鲜艳花斑。触角 4 节，有单眼，喙 4 节。小盾片不大，革片、爪片及膜片区分明显，膜片有分枝状翅脉极多，均生自膜基部一横脉上。跗节 3 节，有爪间突，腹缘一般均发达。

食害植物，尤喜吸食植物的繁殖器官，有时为农作物大害。部分种类能发音。

纹须同缘蝽

Homoeocerus striicornis Scott

成虫体长 18—21 毫米，淡绿色或淡黄褐色。头顶中央稍前处有短纵凹纹一个。前胸背板长，外侧缘黑色，内方有淡红色暗纹，侧角锐角，略突，上有黑色颗粒。小盾片草绿色，具微皱纹。

成、若虫刺吸危害紫荆、紫藤、合欢、柑橘等植物。上海地区 6—7 月灯下偶见成虫。

刺肩普缘蝽

Plinachtus dissimilis Hsiao

成虫体长 14—16 毫米，宽 4—5 毫米。前胸背板侧角成刺状，并向上翘起，背面黑褐色，腹面污黄色。触角及足红色，各足股节基半部黄色，侧接缘各节后半、胸侧板中央斑点及腹部腹面两侧斑点黑色，喙达于中足基节顶端。

寄主不详。上海地区 8 月灯下偶见成虫。

纹须同缘蝽

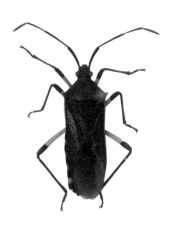

刺肩普缘蝽

麻皮蝽 若虫（上） 成虫（下）

茶翅蝽

蝽科 Pentatomidae

该科昆虫为中等至大型种类。头的侧缘发达，盖及触角基部，一般有单眼，复眼发达。触角5节，极少数4节。喙4节。小盾片三角形，小型。跗节2—3节。前翅不甚长。腰节无刚刺。已知5000余种，一般属于食植性，亦有捕食性种类。我国已知约130属360种。

麻皮蝽

Erthesina fullo (Thunberg)

别名黄斑蝽、黄霜蝽、麻皮蝽象、臭屁虫。成虫体长20—25毫米，虫体黑色，

密布黑色刻点和不规则小黄斑。触角第5节基部有一段为黄白色。头部中央至小盾片基部有1条黄色细线。前胸背板前缘有黄色窄边。胸部腹面黄白色，节间黑色。

成、若虫刺吸危害香椿、臭椿、杨、柳、桑、合欢、女贞、泡桐、梨、桃、石榴等植物。上海地区3—10月灯下可见成虫。

茶翅蝽

Halyomorpha halys (Stål)

成虫体长15毫米左右，宽8—9毫米。体扁椭圆形，茶褐、淡黄褐或黄褐色，具黑刻点，有的个体具金绿色闪光刻点。

触角黄褐色，第3节端部、第4节中部、第5节大部为黑褐色。前胸背板前缘有4个黄褐色横列的斑点，小盾片基缘常具有5个隐约可辨的淡黄色小斑点。翅褐色，基部色较深，端部翅脉的颜色较深。侧接缘黑黄相间，腹部腹面淡黄白色。

成、若虫刺吸危害臭椿、合欢等植物。上海地区3—10月灯下可见成虫。

斯氏珀蝽
Plautia stali Scott

别名朱绿蝽。成虫体长9—13毫米，体呈光亮的翠绿色。触角端3节的端部黑褐色，小盾片端染有黄色，前胸背板前缘具黑褐色细纹，前翅革片大部暗红色，各腹节后侧角具一小黑斑。

成、若虫刺吸危害桑、黄栌、油松等植物。上海地区6—7月灯下可见成虫。

红蝽科 Pyrrhocoridae

本科昆虫一般中等大，红色或其他色泽，均有星斑，无单眼，喙4节，触角4节，前翅革片、爪片及膜片分区明显，膜片有4翅脉，形成大翅室，外侧生分枝极多。跗节3节，有爪间突。

全世界已知种类300余种，我国已知12属30余种。

突背斑红蝽
Physopelta gutta (Burmeister)

成虫体长14—18毫米，体狭长，两侧略平行。棕黄色，前胸背板侧缘腹面及足基部通常红色，前胸背板前叶强烈突出，革片顶角黑斑三角形。

寄主不详。上海地区灯下偶见成虫。

斯氏珀蝽

突背斑红蝽

鞘翅目
Coleoptera

鞘翅目昆虫俗称甲虫或蚺，体躯坚硬，前翅呈鞘翅，为其主要特征，是昆虫纲中种类最多、分布最广的一个目。本目主要识别特征是复眼发达，大多种类无单眼。触角形状多变化。口器咀嚼式。前翅鞘翅，后翅膜质，休息时鞘翅平置于胸、腹部背面，盖住后翅。雌虫无产卵器，雄性外生殖器有时部分外露。幼虫体狭长，头部高度骨化，口器咀嚼式。3对胸足发达或退化。腹部常无腹足或仅具辅助运动的突出物，无臀足。

虎甲科 Cicindelidae

本科昆虫体色多鲜艳，表面常有闪烁的金属光泽。头大，前口式。眼隆突。成虫陆生，也有一些种类树栖，一般多出现于河边沙地、潮湿的草地或路上。卵产于土中。幼虫蛴形。足爪发达，适于掘土。成虫、幼虫都为捕食性。幼虫伏于穴内，头紧靠穴口，迅速捕食落于穴内的昆虫和小动物。

云纹虎甲

Cicindela elisae Motschulsky

成虫体长10毫米左右，体宽3—4毫米。头、胸部暗绿色，具铜红色光泽。复眼大而突出，两复眼间凹陷，中间密布皱刻。上颚强大，基部灰白色，其余黑褐色。触角1—4节蓝绿色，光滑无毛，第5节以后黑褐色，各节密生短毛。前胸背板具铜绿光泽，宽小于长，圆筒形，上具白色长毛。鞘翅暗赤铜色，其上具细密颗粒，并杂以较粗稀的深绿色刻点，翅上的"C"字形肩纹、中央的"S"形纹、两侧缘中部的带状纹以及翅端的"V"字纹均为白色。各足转节赤褐色，其余具蓝色光泽。体下两侧及足腿节密披白色长毛。

是重要的天敌昆虫，成虫和幼虫都可捕食多种小昆虫，如小地老虎、黏虫、蝗虫等。成虫在灯下常见，数量较多。

云纹虎甲

步甲科 Carabidae

本科昆虫小型到大型, 体色一般较为幽暗, 也有闪烁金属光泽的种类。前口式。洞居者复眼往往消失。足细而长, 适宜行走。幼虫蛹形。多数土栖, 亦有树栖种类。一般于夜间活动, 有些种类有趋光性。栖息在隐蔽场所。多数种类成虫和幼虫以昆虫、蚯蚓、蜗牛为食。少数种类营寄生生活。成虫及幼虫食量极大。

本科昆虫大部分捕食害虫及有害蜗牛, 对人类有益, 尤其能够捕食大量鳞翅目幼虫, 少数为植食性, 以浆果、种子、嫩根等为食。

疑步甲

Carabus elysii Thomson

成虫体长 27—48 毫米, 红绿相间或略带褐色, 腹面及足黑色。头部狭长。前胸宽阔, 密布刻点。鞘翅愈合, 呈卵圆形, 具 6 行大瘤突。后翅退化。

该虫属于天敌昆虫。上海地区 4—10 月灯下偶见成虫。

疑步甲

黄斑青步甲

Chlaenius micans (Fabricius)

别名麻青地甲。成虫体长 14—17 毫米, 体铜绿色, 头胸尤为明显, 触角、腿、胫节及鞘翅端斑黄褐色。雄虫前足跗节粗壮。前胸背板盾形, 中部最宽, 前后缘略等宽。背部密生黄毛、横纹和刻点。鞘翅端斑后具毛斑, 加上端斑有 1 个逗号形黄褐斑。

是重要的天敌昆虫, 成虫和幼虫都可捕食柞蚕、舟蛾、黏虫等鳞翅目昆虫的幼虫, 在资源昆虫养殖区域也可成为害虫。上海地区在灯下常见成虫, 数量较多。

黄斑青步甲

后斑青步甲

Chlaenius posticalis Motschulsky

成虫体长 12—15 毫米, 头胸绿色, 具亮红铜色光泽, 鞘翅墨绿色, 端纹黄色。

后斑青步甲

触角基 3 节、足腿、胫节黄褐色,跗节稍深。前胸背板宽大于长,中部最宽,盘区无毛,具粗细刻点,中部及两侧具横皱纹。鞘翅端纹处于 4—8 行间,中间的最长。

是较常见的天敌昆虫,成虫和幼虫都可捕食鳞翅目昆虫的幼虫。上海地区在灯下常见成虫。

巨短胸步甲

Amara gigantea (Motschulsky)

别名巨胸暗步甲。成虫体长 17—21 毫米,体黑色,雄虫具光泽,触角、口须暗红褐色。上颚表面具纵皱纹,额中央两侧各有 1 个凹陷。前胸背板中前部最宽,中线明显;鞘翅两侧几乎平行,行明显,行间具微小刻点或不明显。

成虫在灯下常见。

巨短胸步甲

蝎步甲

Dolichus halensis (Schaller)

成虫体长 19 毫米左右。头黑色,两复眼间具 1 对不明显的小红斑。触角基部 3 或 4 节的颜色较浅。前胸背板黑色,光亮,侧缘红棕色,有时背板红棕色,前缘及后部黑色。鞘翅黑色,无光泽,翅中基部具或大或小的红棕斑。

是较为常见的天敌昆虫,成虫和幼虫都可捕食鳞翅目昆虫的幼虫。成虫在灯下常见,数量较多。

蝎步甲

丽青步甲

Chiaenius pericallus Redtenbacher

别名黄胸青步甲。成虫体长 10—12 毫米,头部蓝绿色,有金属光泽,胸板橙黄色,鞘翅黑色。

寄主不详。上海地区灯下偶见成虫。

丽青步甲

附边青步甲

Chlaenius prostenus Bates

成虫体长 11—13 毫米。头部及前胸背板具强的绿赤色光泽。鞘翅黑褐色,微带绿色光泽。前胸侧缘、鞘翅侧缘及末端、足腿节、胫节黄色至黄褐色。前胸背板宽大于长,最大处在中部稍前方。侧缘弧凸,每鞘翅上具 9 条刻点沟,被有黄毛。

寄主不详。上海地区灯下偶见成虫。

附边青步甲

金龟子科 Scarabaeidae

本科昆虫是昆虫纲中一个较大的类群。触角端部 3—9 节向前延伸呈栉状或鳃片状,较易识别,俗称金龟子。前翅为鞘翅,后翅发达善于飞行。幼虫呈 C 形称为蛴螬。

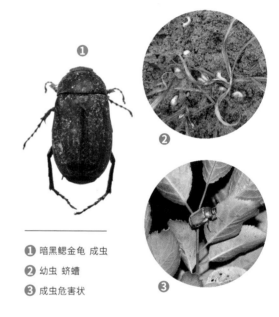

❶ 暗黑鳃金龟 成虫

❷ 幼虫 蛴螬

❸ 成虫危害状

暗黑鳃金龟

Holotrichia parallela Motschulsky

别名暗黑金龟子。成虫长椭圆形,体长 17—22 毫米,体色多变,红褐色或黑色,体被淡蓝色粉状闪光薄层,每鞘翅上有 4 条可辨识的隆起带,壳点粗大,散生于带间,肩瘤明显。

成虫可取食樱花、红叶李、青桐、葡萄、榉树、榆树等植物叶片。上海地区 6—8 月灯下可见成虫,数量较多。

铜绿丽金龟

铜绿丽金龟

Anomala corpulenta Motschulsky

别名铜绿金龟子。成虫椭圆形, 体背为铜绿色, 多呈金属光泽, 体长约 15—19 毫米, 额及前胸背板两侧边缘黄色。鞘翅铜绿色。虫体腹面及足均为黄褐色, 足的胫节和跗节红褐色。

成虫可取食樱花、红叶李、青桐、葡萄、榉树、榆树等植物叶片。上海地区 6—9 月灯下可见成虫, 数量较多。

大黑鳃金龟

Holotrichia oblita (Faldermann)

别名大黑金龟子。成虫体长 17—21 毫米, 宽 8.4—11 毫米, 长椭圆形, 体黑至黑褐色, 具光泽, 触角鳃叶状, 棒状部 3 节。前胸背板宽, 约为长的 2 倍, 两鞘翅表面均有 4 条纵肋, 上密布刻点。前

足胫外侧具 3 齿, 内侧有 1 棘与第 2 齿相对, 各足均具爪 1 对, 爪中部下方有垂直分裂的爪齿。

成虫可取食樱花、红叶李、青桐、葡萄、榉树、榆树等植物叶片。上海地区 5—8 月灯下可见成虫, 数量较多。

大黑鳃金龟

黑绒鳃金龟

黑绒鳃金龟

Maladera orientalis (Motschulsky)

别名东方绢金龟、天鹅绒金龟。成虫体长 8—9 毫米，初羽化时为棕褐色，后渐成黑褐色至褐色。体表密被细短绒毛，有丝绒般光泽。每鞘翅有 10 行由细刻点形成的隆起线。

成虫可取食杨、柳、榆、槐、桂花、梨、杏、梅、桃、葡萄、柿、李等植物叶片。上海地区 5—8 月灯下可见成虫。

中喙丽金龟

Adoretus sinicus Burmeister

别名茶色金龟子、中华阔头金龟。成虫体长 9—11 毫米，长椭圆形，褐色或棕褐色，体表覆针形乳白色绒毛小盾片近三角形，鞘翅缘折向后陡然变窄，鞘翅上有数条微隆起的线，端部可见一明显白斑，翅端的 2 条较明显，后足胫节外侧缘有 2 个齿突。

成虫可取食荷花、海棠、樱花、石楠、凌霄、葡萄等植物叶片，常群集取食，发生量大时危害较大。上海地区 6—9 月灯下可见成虫。

❶ 中喙丽金龟 成虫　❷ 中喙丽金龟 幼虫　❸ 中喙丽金龟 蛹　❹ 中喙丽金龟 危害状

中华弧丽金龟

Popillia quadriguttata Fabricius

别名四纹丽金龟、四斑丽金龟。成虫体长 7—12 毫米。头、前胸背板、小盾片青铜色，有强光泽。鞘翅黄褐色。腹末臀板外露，基部有两个白色毛斑，腹部 1—5 节侧面有白色毛斑。

成虫可取食葡萄、榆树等植物叶片。上海地区 6—8 月灯下可见成虫。

中华弧丽金龟

华扁犀金龟

Eophileurus chinensis (Faldermann)

成虫体长 18—20 毫米。体多黑色，光亮。雄性前胸背板中央具 1 个大型近五角形凹坑，达胸长的 3/4，雌虫仅在中央有 1 条浅纵沟。

幼虫取食朽木或植物性肥料，不伤害植物的根。上海地区 6—7 月灯下可见成虫。

华扁犀金龟

叩甲科 Elateridae

本科昆虫又称叩头虫，触角生于额之前缘下近眼处，锯齿状、栉齿状、丝状，11—12 节，因雌雄而不同。前胸后缘角突出，有时成针尖状，前胸腹板有一突起，向后伸入于中胸腹板沟内，前基窝开口，但完全被包围于前胸腹板中。足较短，活动自在。腹部 5 节，末节活动自在。已知大约 10000 种，广布于全世界。成虫仰卧时有跳跃习性。幼虫细长而坚实，俗称金针虫，华北农民俗称钢丝虫、铁丝虫、姜虫，山东称蝼虫，皖北称金耙齿。

沟线角叩甲

沟线角叩甲

Pleonomus canaliculatus (Faldermann)

别名细胸金针虫。雌雄性二型，体长 14—18 毫米。雄虫体细瘦，暗棕色，密被黄白色细毛，触角 12 节，锯齿状，长达鞘翅末端，鞘翅具明显的纵沟，长约是前胸长的 5 倍多；雌虫体较宽，鞘翅上纵沟不明显, 长约是前胸的 4 倍。

幼虫是重要的地下害虫, 取食多种植物的细根、嫩茎及发芽的种子。上海地区 4—9 月灯下偶见成虫。

朱肩丽叩甲

Campsosternus gemma Candeze

成虫体长 36 毫米左右。体金属绿色, 带铜色光泽, 前胸背板两侧 (后角除外)、前胸侧板、腹部两侧及最后两节间膜红色, 上颚、口须、触角、跗节黑色。头顶凹陷, 触角不到达前胸基部。前胸背板宽大于长, 表面具细刻点, 后角宽, 端部下弯。鞘翅侧缘上卷, 表面具细刻点及弱条痕。

寄主不详。上海地区灯下偶见成虫。

朱肩丽叩甲

瓢虫科 Coccinellidae

本科昆虫可分为植食性和捕食性两大类群。食植瓢虫亚科已知种类均为植食性, 取食茄科、葫芦科、菊科、禾本科、马鞭草科等植物。瓢虫亚科的食菌瓢虫族以真菌为食 (白粉病的菌丝及孢子), 除此以外的大多为捕食性。捕食性瓢虫约占瓢虫总数的 4/5, 以蚜虫、介壳虫、粉虱、叶螨和其他节肢动物为食, 是农林业上不少害虫的重要天敌。捕食性瓢虫也有不同程度的食性专化性。瓢虫亚科大多捕食蚜虫。盔唇瓢虫亚科大多捕食有蜡质覆盖物的介壳虫。红瓢虫亚科专食绵蚧或粉蚧。小毛瓢虫亚科捕食蚜虫、介壳虫、粉虱和叶螨。食螨瓢虫族专食叶螨。

异色瓢虫

Harmonia axyridis (Pallas)

成虫体卵圆形, 体长 5—8 毫米, 宽 3.8—5.2 毫米。背面色泽和斑纹变异很多, 主要有 3 种类型: ①前胸背板黄白色至浅黄色, 中部有近似 "M" 形黑纹。②前胸背板中部黑色, 两侧为白色斑, 鞘翅基色黑色, 其上有 2、4、8、12 个黄色至红色斑点。③前胸背板中部黑色, 两侧为白色斑, 鞘翅边缘和鞘翅的前半部分黑色, 或鞘翅基部、端部、基部和端部的黑色边缘扩展成黑色横带, 鞘翅中部黄色或橘红色, 其上无黑色斑点, 或者 2

异色瓢虫 幼虫

龟纹瓢虫 幼虫

异色瓢虫 成虫

龟纹瓢虫 成虫

个至几个黑色斑点或斑纹。该种的显著特征是大多数个体鞘翅末端有一明显的牙痕状横脊。

是重要的天敌昆虫,成虫和幼虫均可捕食蚜虫的成虫和若虫,还可捕食蚜虫、介壳虫、叶甲的卵。上海地区4—10月灯下可见成虫,发生量大。

龟纹瓢虫

Propylea japonica (Thunberg)

成虫体长3.5—4.7毫米,体宽2.5—3.2毫米。体卵形,背面轻度拱起,无毛。前胸背板浅黄色,中基部具一个大黑斑,横向,黑斑的基半部向后收缩。鞘翅色斑多变,从黄白色无斑到几乎全黑(仅外缘淡黄色),常见的为淡黄的鞘翅上具龟纹,纹斑扩大,鞘翅可几乎全黑或斑纹缩小,除黑缝外无黑斑。

是重要的天敌昆虫,成虫和幼虫均可捕食蚜虫、介壳虫、木虱、叶蝉、飞虱等。上海地区4—10月灯下可见成虫,发生量大。

十三星瓢虫

七星瓢虫

茄二十八星瓢虫

七星瓢虫

Coccinella septempunctata Linnaeus

成虫体长 5.2—7.0 毫米, 宽 4.0—5.7 毫米。鞘翅鲜红色, 具 7 个黑斑, 各鞘翅上呈 1/2—2—1 排列。

是重要的天敌昆虫, 成虫和幼虫可捕食 60 多种蚜虫。上海地区 4—10 月灯下可见成虫, 发生量较少。

十三星瓢虫

Hippodamia redecimpunctata (Linnaeus)

成虫体长 6.0—6.2 毫米, 宽 3.4—3.6 毫米。头部黑色, 但前缘黄色, 复眼黑色, 触角、口器黄褐色。前胸背板橙黄色, 中部有大型的近于梯形的黑斑, 自基部几乎伸过前缘, 近侧缘处还各有 1 个小圆形的黑斑。小盾片黑色或黄褐色。鞘翅基色为红黄色至褐黄色, 两鞘翅上共有 13 个黑斑, 其中一个位于鞘缝靠近小盾片处, 每一鞘翅上有 6 个黑斑。

是重要的天敌昆虫, 成虫和幼虫可捕食多种蚜虫及飞虱等, 偶尔也会以花粉和花蜜为食。上海地区 4—10 月灯下可见成虫, 发生量较少。

茄二十八星瓢虫

Henosepilachna vigintioctopunctata Fabricius

成虫体长 5.3—6.8 毫米, 宽 4.4—5.6 毫米, 宽卵形, 背面强烈拱起。体背黄褐色。前胸背板从无斑到 7 个斑, 3 斑和 4 斑常相连。鞘翅上的斑纹多变, 从典型的 28 斑减少至 12 斑, 或黑斑相连, 背面几乎全黑。

为植食性害虫, 取食茄科、葫芦科、豆科的多种植物。上海地区 4—10 月灯下可见成虫, 发生量较少。

天牛科 Cerambycidae

本科昆虫为中型或大型甲虫，体长圆筒状，有长形触角，超过体长，12 节。足长而坚强，适于攀升，跗节隐 5 节。后翅发达，适于飞翔，但有静止树上习性，易于捕捉，前胸背板缺明显的侧缘。世界已知约有 25000 种，分 1000 属，其中我国已知 3600 余种。天牛有牛角虫、天水牛、八角虫、飞生虫等别名，幼虫乳白色，穿孔木材或树皮下，古称蠐蛴。头部至尾端逐渐细小，足或存或缺，体躯各节上、下有隆起，并生有小突起，便于行动。颚强大，适于啃孔，一般寄生于成活树木，但亦有生活于倒伐木材或建筑木材中为害的种类。

星天牛

Anoplophora chinensis Förster

成虫体漆黑色，具光泽。体长 27—41 毫米，鞘翅基部有许多颗粒状小瘤突，鞘翅上分布有大小不等的白色斑点。

是重要的蛀干性害虫，幼虫蛀食危害悬铃木、红枫、栾树、柳树等植物干部。上海地区 5—9 月灯下可见成虫。

❶ 星天牛幼虫危害状
❷ 星天牛成虫羽化孔
❸ 星天牛 成虫
❹ 红枫（寄主植物）
❺ 无患子（寄主植物）

光肩星天牛

光肩星天牛

Anoplophora glabripennis Motschulsk

成虫体长 20—35mm, 宽 8—12 毫米, 体黑色, 有光泽, 前胸两侧各有刺突 1 个, 鞘翅上有大小不同, 排列不整齐的白色绒斑约 20 个。

是重要的蛀干性害虫, 幼虫蛀食危害柳、杨、七叶树、红花檵等植物干部。上海地区 6—8 月灯下可见成虫。

桑天牛

Apriona germari Hope

别名粒肩天牛、桑干黑天牛、刺肩天牛。成虫体黑色, 密生暗黄色绒毛。触角鞭状, 第 1、2 节黑色, 其余各节基部灰白色, 端部黑色。鞘翅基部有黑瘤, 肩角有黑刺 1 个。

是重要的蛀干性害虫, 幼虫蛀食危害榉树、榆树、海棠、紫荆、枇杷、柳、构树等植物干部。上海地区 6—8 月灯下可见成虫。

❶

❶ 桑天牛 成虫

❷ 垂丝海棠 (寄主植物)

❸ 桑天牛 幼虫

❹ 桑天牛 卵

❷

❸

❹

① 云斑天牛 成虫
② 云斑天牛 卵
③ 云斑天牛 成虫羽化飞出
④ 柳树（寄主植物）
⑤ 云斑天牛危害状

云斑天牛

Batocera horsfieldi (Hope)

别名多斑白条天牛、云斑白条天牛。成虫黑褐色至黑色，密被白色和灰褐色绒毛，体长34—61毫米。鞘翅上有白色或浅黄色绒毛组成的云片状斑纹，斑纹大小变化较大，2—3纵列，外列数最多，并延到翅基部，翅基有明显的颗粒状瘤突。

是重要的蛀干性害虫，幼虫蛀食危害白蜡、柳、女贞等植物干部。上海地区4—6月灯下可见成虫。

桃红颈天牛

Aromia bungii (Faldermann)

成虫体长 32 毫米左右, 体黑色发亮, 前胸棕红色或黑色, 密布横皱, 两侧各有刺突 1 个, 背面有 4 个瘤突, 鞘翅表面光滑。

是重要的蛀干性害虫, 幼虫蛀食危害红叶李、桃树、樱花、梅花等植物干部。上海地区 6—9 月灯下可见成虫。

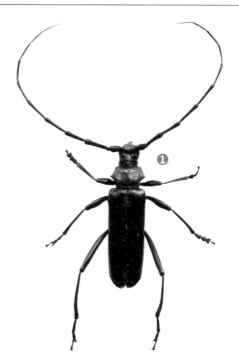

❶ 桃红颈天牛 成虫

❷ 樱花 (寄主植物)

❸ 桃红颈天牛 幼虫

❹ 桃红颈天牛 幼虫危害状

❺ 桃红颈天牛活动状

薄翅锯天牛

Megopis sinica (White)

别名中华薄翅锯天牛、薄翅天牛。成虫体长 45 毫米左右，赤褐色或暗褐色。鞘翅薄革质，表面呈微细颗粒刻点，基部粗糙，鞘翅上有明显的纵脊各 2—3 条。

幼虫在树木腐朽部蛀食，危害悬铃木、桃树、樱花等。上海地区 4—9 月灯下可见成虫。

双斑锦天牛

双斑锦天牛

Acalolepta sublusca Thomson

成虫栗褐色，体长 11—23 毫米，宽 5—7 毫米。头、前胸密被棕褐色绒毛。鞘翅肩部较宽，上覆带光泽淡灰色绒毛，鞘翅基部中央有 1 个圆形或近方形的黑褐斑，肩缘侧部有 1 个黑褐小斑。鞘翅中部稍后有从缘侧向中继呈棕褐较宽斜斑，翅面有较小刻点。

幼虫蛀食危害大叶黄杨、狭叶十大功劳等植物干部。上海地区 5—8 月灯下可见成虫。

❶ 薄翅锯天牛 成虫
❷ 薄翅锯天牛 幼虫
❸ 薄翅锯天牛 幼虫危害状
❹ 薄翅锯天牛 蛹

黄星桑天牛

Psacothea hilaris Pascoe

成虫体长 16—30 毫米，宽 4—10 毫米。体密被灰色或灰绿色绒毛，并有杏黄色绒毛斑纹。头中央有一条杏黄色纵纹，两触角基往后至中胸后有两条黄色纵带，鞘翅上散生杏黄色圆斑。

幼虫蛀食危害桑、无花果等植物干部。上海地区 6—7 月灯下可见成虫。

合欢双条天牛

Xystrocera globose (Olivier)

成虫体长 11—33 毫米，宽 3—8 毫米，体红棕色至黄棕色，头密布颗粒状刻点，中央具纵沟。雄虫前胸大于雌虫。

幼虫蛀食危害合欢等植物干部。灯下偶见成虫。

粉天牛

Olenecamptus cretaceous Bates

成虫体长 15—27mm，宽 3.8—5.5mm。体棕红色至深棕色。腹面及背面中区密被白色粉毛，从头部复眼后缘至鞘翅末端的体侧有窄的灰黄色绒毛。前胸背板中央有一条棕色沟，每鞘翅中部有一棕色小点。

幼虫蛀食危害桑、榉等植物干部。灯下偶见成虫。

橘褐天牛

Nadezhdiella cantori (Hope)

成虫体长 26—51 毫米，宽 10—14 毫米，体黑褐色至黑色，有光泽，被灰色或灰黄色短绒毛。头中有一极深的中纵沟，前胸背板密生瘤状褶皱。两侧有尖

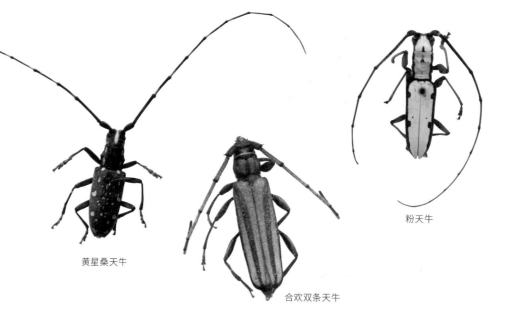

黄星桑天牛

合欢双条天牛

粉天牛

橘褐天牛

棟星天牛

刺, 鞘翅肩部隆起, 两侧近于平行, 末端较狭。

幼虫蛀食柑橘、葡萄等植物干部。灯下偶见成虫。

棟星天牛

Anoplophora horsfieldi (Hope)

成虫体长 31—40 毫米, 宽 12—16 毫米。底色黑, 光亮, 全身布满大型黄色绒毛斑块, 有头、胸部 2 条宽纵带, 鞘翅上有 4 条横带。

幼虫蛀食危害苦楝、朴树、榆等植物干部。灯下偶见成虫。

桑坡天牛

Pterolophia annulata (Chevrolat)

别名斑角坡翅桑天牛、坡翅桑天牛。成虫体长 9—15 毫米, 宽 3—5 毫米, 棕红色。全身被绒毛, 一般基色从棕黄、棕红、深棕到铁锈色, 最显著的是鞘翅中

部有一极宽的灰黄色横带, 基本上由灰白或灰黄色绒毛所组成, 鞘翅基部中央一般毛色亦较浅, 呈淡棕色、淡红或淡棕黄色。鞘翅端部 1/3 区域向下倾斜, 坡度很深, 每翅中部以下有 2 条较显著的隆起直条纹, 其中较近中缝的 1 条和基部隆起处于同一直线, 外面的 1 条稍长, 伸展到端坡中央。触角很短。

幼虫蛀食危害桑等植物干部。灯下偶见成虫。

桑坡天牛

脉翅目
Neuroptera

　　脉翅目昆虫包括草蛉、蚁蛉、螳蛉或粉蛉、水蛉。成、幼虫均陆生，少数水生或半水生。捕食性，捕食蚜虫、蝶蛾幼虫、蟪蛄、叶螨等及它们的卵，是农林害虫的重要天敌，不仅对控制害虫种群、保持生态平衡具有重要意义，而且在害虫生物防治中有重要应用价值。本目主要识别特征是口器咀嚼式，触角长，复眼发达。两对翅的大小、形状和翅脉均相似，大多数种脉相原始，横脉多，翅脉在翅缘二分叉。

　　完全变态发育。幼虫寡足型。头部具长镰刀状上颚，口器为吮吸式，胸足发达，无腹足。

草蛉科 Chrysopidae

本科昆虫一般呈草绿色，复眼有金属光泽，较易识别。幼虫在有蚜虫滋生的植物上极为常见，捕食蚜虫很"凶"，所以有"蚜狮"之称。有些种类幼虫常把吸食一空的蚜虫残骸置于背上，往往堆起很高以至于完全盖住身体。

成虫和幼虫的捕食能力均强，除蚜虫外还可捕食介壳虫、木虱、叶蝉、蛾类幼虫和各种虫卵以及植食性螨类等。

大草蛉

Chrysopa pallens Rambur

成虫体长 11—14 毫米，绿色，较暗。头部黄绿色，具有 2—7 个黑斑，以 4 个或 5 个黑斑为常见，触角第 1、第 2 节与头同色，鞭节褐色。足的跗节和爪呈褐色。前翅前缘横脉列黑色。

是重要的天敌昆虫，成、幼虫均捕食蚜虫、介壳虫等。上海地区 4—10 月灯下可见成虫，发生量较大。

❶ 大草蛉 成虫　❷ 大草蛉 卵　❸ 大草蛉自然栖息状

鳞翅目
Lepidoptera

　　鳞翅目昆虫包括常见的蛾类和蝴蝶。全世界已知 20 多万种，除极少数种类外，它们的幼虫均取食种子植物，其中有许多是农林生产上的重要害虫，具有极大的经济重要性。同时，许多鳞翅目成虫具有传粉功能，家蚕、柞蚕、天蚕等是著名的产丝昆虫，多种美丽的蝴蝶和蛾类具有极大的艺术观赏价值，是重要的观赏资源昆虫。

　　本目主要识别特征为：成虫翅两对，膜质，横脉极少；体、翅和附肢均密被鳞片；口器虹吸式。完全变态。幼虫蠋型，侧气门，咀嚼式口器，腹足一般 5 对，少数退化或无。绝大多数为植食性。

木蠹蛾科 Cossidae

　　成虫中等大。翅展 35—180 毫米，饰以鳞片及毛，夜出性，着色较暗，一般呈灰褐等色，有浓黑刻点，后翅较淡，雄较雌小，色泽亦较鲜明；触角有光泽，栉齿形或羽形；休息时将翅平置背上，鳞毛很密，翅基有长毛；腹部粗而长，尾端尖形，有长毛；卵球形，有刻纹，单粒或成块产于树皮上及空隙内。幼虫仅有原始刺，形略扁，头及前胸盾片角质硬化，上颚大而强，色泽多种，自黄白以至红色不等，背侧有暗纹；蛹包藏于丝质和木屑所形成的茧内。

咖啡木蠹蛾

Zeuzera coffeae (Niether)

　　别名咖啡豹蠹蛾、棉茎木蠹蛾、石榴豹纹木蠹蛾。雌成虫体长 12—16 毫米，翅展 40—50 毫米，触角丝状。雄成虫体长 11—15 毫米，翅展 30—36 毫米，触角基部羽状、端部丝状。体被灰白色鳞毛，胸部背面有青蓝色斑点 6 个。翅灰白色，翅脉间密布青蓝色短斜斑点，翅外缘在翅脉端部具有青蓝色斑点。后翅斑点较淡。

　　是重要的蛀干性害虫，幼虫蛀食危害狭叶十大功劳、樱花、海棠等植物枝条。上海地区 5—7 月灯下可见成虫。

❶ 危害状　❷ 咖啡木蠹蛾 幼虫　❸ 咖啡木蠹蛾 成虫

六星黑点豹蠹蛾

Zeuzera multistrigata Butler

别名梨豹蠹蛾、豹纹木蠹蛾、胡麻布木蠹蛾、多斑豹蠹蛾。成虫体灰白色，体长 20—36 毫米，翅展 40—60 毫米。胸部背板有蓝黑色的斑点 6 个，排成 2 行。前翅上也有许多蓝黑色斑点 (雌虫多于雄虫)，后翅外缘有少量蓝黑斑。雌虫触角丝状。雄虫触角基半部羽毛状，端半部丝状。

幼虫蛀食危害珊瑚、悬铃木、柳、榆等植物枝条。上海地区 5—7 月灯下可见成虫。

❶ 六星黑点豹蠹蛾 成虫

❷ 六星黑点豹蠹蛾 幼虫

❸ 危害状

芳香木蠹蛾东方亚种

芳香木蠹蛾东方亚种

Cossus cossus orientalis Gaede

成虫体灰褐色, 粗壮, 体长 22—42 毫米, 成虫翅展 50—82 毫米。触角单栉齿状, 基部栉齿宽窄相等, 中部栉齿很宽, 末端栉齿又渐细小。头顶毛丛和领片鲜黄色, 翅基片和胸部背面土褐色。中胸前半部为深褐色, 后半部为白、黑、黄相间。后胸有 1 条黑横带。前翅基半部银灰色, 仅前缘具 8 条短黑纹, 中室内 3/4 处及稍外有 2 条短横线。翅端半部褐色。后翅浅褐色, 中室白色。

幼虫蛀食危害杨、柳、珊瑚朴等植物树干和枝条。上海地区 5—7 月灯下可见成虫。

卷蛾科　Tortricidae

成虫属小型蛾类, 一般夜间活动, 活泼。有褐、暗、灰、黄等色, 常有多种花纹。休息时翅体收缩如铃形, 触角一般比前翅短, 翅平滑。卵的形状多种不一, 常产卵成块, 盖以胶质。幼虫往往呈绿色, 体毛瘤暗色, 受惊能倒退或跳跃挂丝而跑。蛹化于卷叶间或树皮裂缝间, 有时作丝茧化蛹。

全世界已知 9400 种以上。

茶长卷蛾

Homona magnanima (Diakonoff)

别名卷叶虫、黏叶虫。成虫体长 10—12 毫米, 翅展 23—30 毫米, 体浅

茶长卷蛾 幼虫

茶长卷蛾 成虫

棕色。翅面散生很多深褐色细纹,前翅黄褐色,基部中央、翅尖浓褐色,前缘中央具一黑褐色圆形斑,前缘基部具一浓褐色近椭圆形突出,部分向后反折,盖在肩角处。后翅浅灰褐色。

幼虫取食樟、女贞、石榴、悬铃木、珊瑚树、紫藤、海桐、红叶李、樱花等植物的叶片。上海地区4—9月灯下可见成虫。

棉褐带卷叶蛾

Adoxophyes honmai (Yasuda)

成虫体长6—10毫米,成虫翅展15.5—21.5毫米,体背及翅黄褐色,前翅有前缘褶,淡棕到深黄色,基斑、中带和端纹褐黄色,近前缘中央处有向后缘斜行的暗褐色带,后翅淡灰褐色,缘毛灰黄色。前翅中部具一明显的"h"形纹,即具明显的弯曲分支,延伸达臀角,有时交叉处前可缩小或断裂。雄蛾前翅缘褶约占前缘的1/2。

幼虫取食金丝桃、海棠、梅、扶桑、桃、海桐、柳、杨、紫薇、银杏等植物的叶片。上海地区7—9月灯下可见成虫。

棉褐带卷叶蛾

刺蛾科 Limacodidae

成虫中等大小，密生厚鳞毛，一般黄褐或暗色，亦有着绿红等色彩。幼虫食叶性，腹足退化，一般生刺和毒毛，触及皮肤立即发生红肿，故名刺蛾，所以有刺虫、八角虫、天浆子、棘刚子、杨辣子、火辣子、刺毛虫等名，常常吐丝做硬壳茧。蛹体软，有可动的环节，各节有小齿列，羽化时，裂开圆盖飞出，蛾夜出性。

已知 1000 余种，热带较多，温带亦不少。我国已记载 90 余种。

 黄刺蛾 成虫

 黄刺蛾 幼虫

 黄刺蛾 茧

 红叶李（寄主植物）

黄刺蛾

Cnidocampa flavescens (Walker)

别名洋辣子、刺毛虫。成虫体长13—16 毫米，翅展 30—34 毫米。头和胸部黄色，腹部背面黄褐色。前翅内半部黄色，外半部为褐色。有两条暗褐色斜线，在翅尖上汇合于一点，呈倒"V"字形。内面一条伸到中室下角，为黄色与褐色两个区域的分界线。

幼虫取食鸡爪槭、红枫、苦楝、红叶李、杨、柳、枫杨、悬铃木、樱花、香樟、喜树、柿、枫香、海棠、珊瑚树、桂花、栾树等植物叶片。上海地区 6—8 月灯下可见成虫。

丽绿刺蛾

Parasa lepida (Cramer)

别名青刺蛾、绿刺蛾、梨青刺蛾。头翠绿色,触角褐色。胸部背面翠绿色,背中有矢形褐斑,前翅翠绿色,翅基有近平行四边形深褐色斑,翅前缘 1/4 处向后引一弧形线,使翅外形成深褐色阔带,缘毛深褐色,后翅浅褐色,近臀角稍转深,腹部浅褐色,背面深褐色,缘毛浅褐色。

幼虫取食桂花、香樟、臭椿、乌桕、柳、榉、枫杨、杨、石榴、樱花、海棠、月季等植物叶片。上海地区 5—8 月灯下可见成虫。

❶ 丽绿刺蛾 成虫
❷ 丽绿刺蛾 低龄幼虫
❸ 丽绿刺蛾 高龄幼虫
❹ 丽绿刺蛾 老熟幼虫
❺ 丽绿刺蛾 茧
❻ 栾树(寄主植物)

褐边绿刺蛾

Parasa consocia (Walker)

别名黄缘绿刺蛾、绿刺蛾、青刺蛾、四点刺蛾、曲纹刺蛾。雌成虫翅展33毫米左右,头部、胸背部及前翅绿色,前翅基部有明显褐色斑纹,斑纹有两处凸出伸向翅的绿色部分,前翅前缘边褐色,外缘处一条宽黄色带。

幼虫取食柳、香樟、海棠、枫杨、乌桕、紫荆、杨、栀子、无患子、红叶李、珊瑚树、榆、月季、石榴、枫香、柑橘等植物叶片。上海地区6—8月灯下可见成虫。

褐边绿刺蛾 成虫

褐边绿刺蛾 幼虫

桑褐刺蛾 成虫

桑褐刺蛾

Setora postornata Hampson

别名褐刺蛾、红绿刺蛾、刺毛虫。成虫体褐色,体长约18毫米,翅展约35毫米,前翅自前缘中部有两条暗褐色横带,似"八"字伸向后缘。

幼虫取食悬铃木、珊瑚树、香樟、乌桕、臭椿、杨、柳、樱花、木槿、桂花、槭树、紫荆、青枫、枫香、石楠、海棠、红叶李等植物叶片。上海地区5—8月灯下可见。

桑褐刺蛾 幼虫

扁刺蛾

Thosea sinensis (Walker)

别名黑刺蛾。成虫体长15毫米左右，翅展28—39毫米。体灰白色至灰褐色，零星散布褐色鳞毛。自前缘近中部向后缘有一褐色线，线内侧具淡色带。后翅暗灰褐色。

幼虫取食珊瑚树、樟、悬铃木、榆、柳、紫荆、桂花、枫香、女贞、红叶李、栾树等植物叶片。上海地区6—7月份灯下可见成虫。

❶ 扁刺蛾 成虫

❷ 扁刺蛾 幼虫

❸ 枫香（寄主植物）

❹ 悬铃木（寄主植物）

枣奕刺蛾

灰双线刺蛾

双齿绿刺蛾

枣奕刺蛾

Iragoides conjuncta (Walker)

别名枣刺蛾、褐刺蛾、台湾刺蛾。成虫体长约 14 毫米, 翅展 28—33 毫米。全体棕色, 前翅棕褐色, 花纹斑块状, 顶角、臀角、基角附件各具一近似菱形的棕色斑块, 臀角处斑块带红褐色。

幼虫取食梨、桃、银杏、枣、刺槐、樱花、紫荆、悬铃木、臭椿等植物叶片片。上海地区 7—8 月灯下可见成虫。

双齿绿刺蛾

Parasa hilarata (Staudinger)

别名棕边青刺蛾、中国绿刺蛾。成虫体长约 10 毫米。头、胸部绿色, 腹部黄色。前翅绿色, 翅基部斑褐色, 放射状, 外缘为棕色宽带。脉处向内突出 2 齿。后翅黄色。

幼虫取食枫杨、樱花、海棠等植物叶片。上海地区 6—8 月灯下可见成虫。

灰双线刺蛾

Cania bilineata (Walker)

别名两线刺蛾、双线刺蛾。成虫翅展 23—38 毫米。头赭黄色, 胸背褐灰色, 腹部褐黄色。前翅灰褐黄色, 有两条外衬黄白边的暗褐色横线从前翅近顶角处发出, 平行稍外弯, 伸达后缘。

幼虫取食柑橘、茶等植物叶片。上海地区 5—8 月灯下可见成虫。

螟蛾科 Pyralidae

成虫为纤小蛾类，触角丝状，有单眼及口吻，下颚须及下唇须发达，形成长鼻状。幼虫裸体，原生刚毛在小瘤上，原足数往往有变化，前胸气门前瘤有二刚毛。被蛹，有茧。食性有多种。

黄杨绢野螟

Diaphania perspectalis (Walker)

别名黄杨野螟、黄杨黑缘螟蛾、黑缘透翅蛾。成虫体长 20—30 毫米，翅展 32—48 毫米。体背白色，胸基部及前侧、腹端几节黑褐色，前翅周缘黑褐色，具闪光，翅中央白色，中室内有一白斑，中室端具有白色肾形斑。后翅外缘黑褐色，余白色半透明，前后缘毛灰褐色。

幼虫取食瓜子黄杨、雀舌黄杨叶片。上海地区 5—9 月灯下可见成虫。

❶ 黄杨绢野螟 成虫

❷ 黄杨绢野螟 幼虫

❸ 雀舌黄杨（寄主植物）

❹ 幼虫危害状

❺ 危害状

樟巢螟

Orthaga achatina Butler

　　别名樟丛螟、樟叶瘤丛螟、榄绿瘤丛螟。成虫体长 8—13 毫米, 翅展 22—30 毫米。头部淡黄褐色, 触角黑褐色, 前翅基部暗黑褐色, 内横线黑褐色, 前翅前缘中部有一黑点, 外横线曲折波浪形, 内横线内、外侧各有 1 丛竖起的上白下黑的毛丛。后翅灰褐色。雄蛾头部两触角间生有 2 束向后伸展的锤状毛束。

　　幼虫取食樟树叶片并逐渐形成虫巢。上海地区 5—10 月灯下可见成虫, 7—8 月种群数量较大。

---

❶ 樟巢螟 成虫
❷ 樟巢螟 低龄幼虫危害状
❸ 樟巢螟 危害状
❹ 香樟 (寄主植物)

瓜绢螟

瓜绢螟

Diaphania indica (Saunders)

成虫体长 11 毫米, 翅展 23—26 毫米。头胸部黑色, 腹部白色, 第 7、8 节末端有黄褐色毛丛。前、后翅白色透明, 略带紫色, 前翅前缘和外缘、后翅外缘呈黑色宽带。

幼虫取食桑、大叶黄杨、木槿等植物叶片。上海地区 5—10 月灯下可见成虫。

葡萄卷叶野螟

Herpetogramma luctuosalis (Guenee)

别名葡萄卷叶螟、葡萄叶螟、葡萄切叶野螟。成虫翅展 22—30 毫米, 胸腹棕褐色, 前翅黑褐色。中部具 3 个明显的淡黄色斑: 中室中央斑方形; 中室端外斑肾形; 最大, 达翅前缘; 另 1 斑位于上 2 斑之间的下方, 新月形。小后翅黑褐色, 中室具小黄点, 外缘黄色, 宽大, 似由 2 斑组成。

幼虫取食葡萄、山葡萄等植物叶片并卷叶成筒状。上海地区 6 月灯下可见成虫。

葡萄卷叶野螟

棉大卷叶野螟 幼虫

棉大卷叶野螟 成虫

棉大卷叶野螟 成虫

杨大卷叶螟

Botyodes diniasalis Walker

别名杨黄卷叶螟、黄翅缀叶野螟。成虫体长 13 毫米左右, 翅展约 30 毫米。头部褐色, 两侧有白条。胸、腹部背面淡黄褐色。触角淡褐色。下唇须向前伸, 末节向下, 下面白色, 其余褐色。前、后翅金黄色, 散布有波状褐纹, 外缘有褐色带, 前翅中室端部有褐色环状纹环心白色。

幼虫取食柳、杨等植物叶片。上海地区 6—10 月灯下可见成虫。

棉大卷叶野螟

Sylepta derogate Fabricius

别名棉褐环野螟、棉卷叶螟、棉大卷叶虫、棉大卷叶螟。成虫体黄褐色, 体长 10—14 毫米, 翅展 20—34 毫米。前翅黄褐色, 胸部背面有黑褐色点 12 个列成 4 行。前后翅的外缘线、亚外缘线、外横线、亚基线均为褐色波状纹, 前翅中央近前缘有 "OR" 形褐色纹。

幼虫取食木槿、蜀葵、木芙蓉等植物叶片并卷叶成筒状。上海地区 7—9 月灯下可见成虫。

杨大卷叶螟

① 白蜡绢野螟 成虫

② 白蜡绢野螟 幼虫

③ 危害状

④ 桂花（寄主植物）

白蜡绢野螟

Palpita nigropunctlais Bremer

别名白蜡卷须野螟。成虫翅展 28—36 毫米, 体翅白色, 带光泽, 前翅前缘有黄褐色带, 内侧具 3 个小黑点。中室下角具一小黑点, 内有新月状黑纹, 翅外缘有一列小黑点。后翅白色, 中室下方有一小黑点。

幼虫取食桂花、白蜡等植物叶片。上海地区 5—9 月灯下可见成虫。

桃蛀螟

Conogethes punctiferalis (Guenée)

别名桃蠹螟、桃斑螟。成虫体长 12 毫米，翅展 22—25 毫米，黄至橙黄色，体、翅表面具许多黑斑点似豹纹，胸背有 7 个。腹背第 1 和 3—6 节各有 3 个横列，第 7 节有时只有 1 个，第 2、8 节无黑点，前翅 25—28 个，后翅 15—16 个，雄虫第 9 节末端黑色。

幼虫蛀食桃、梨、柑橘、石榴等果实。上海地区 5—10 月灯下可见成虫。

桃蛀螟

楸螟

Sinomphisa plagialis (Wilenman)

别名楸蠹野螟。成虫体长 15 毫米左右, 翅展 36 毫米左右。体灰白色, 头部及胸、腹各节边缘处略带褐色。翅白色, 前翅基都有黑褐色锯齿状二重线, 内横线黑褐色, 中室内及外端各有 1 个黑褐色斑点, 中室下方有 1 个不规则近于方形的黑褐色大型斑, 近外线处有黑褐色波状纹 2 条, 缘毛白色。后翅有黑褐色横线 3 条, 中、外横线的前端与前翅的波状纹相接。

幼虫蛀食楸、梓树等植物枝干。上海地区 7—8 月灯下可见成虫。

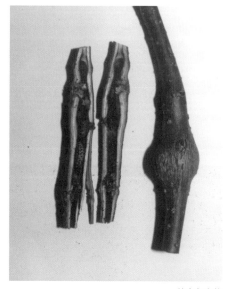

幼虫危害状

楸螟 成虫

玉米螟

Ostrinia furnacalis Guenée

别名亚洲玉米螟。成虫体黄褐色，体长10—14毫米，翅展20—34毫米。前翅黄褐色，有2条褐色波状横纹，两纹之间有2条黄褐色短纹，后翅颜色较淡。

幼虫蛀食大丽菊、菊、美人蕉、唐菖蒲、大叶吴风草等植物根茎部。上海地区5—9月灯下可见成虫。

玉米螟 成虫

玉米螟 幼虫

拟茎草螟 幼虫

拟茎草螟 成虫

拟茎草螟 危害状

拟茎草螟

Parapediasia teterrella (Zincken)

别名早熟禾拟茎草螟。成虫体淡褐色，翅展14—16毫米。前翅灰色至淡褐色，亚外缘线灰白色，前端约2/5处外弯。翅外缘均匀分布7枚黑色斑点。缘毛灰色至淡褐色。后翅灰色至淡褐色。缘毛白色，近基部淡褐色。

幼虫取食百慕大草的叶和根。上海地区5—10月灯下可见成虫。

豆荚野螟

Maruca vitrata (Fabricius)

成虫体背茶褐色，翅展 22—30 毫米。前翅暗褐色，前缘中基部及外缘茶褐色，中室斑白色，透明，下缘常半圆形内圈，中室斑内侧下方具一小白斑，中室斑外侧具一大型透明斑，后翅白色，具不明显的波形横线，外缘暗褐色，钝锯齿形，不达后角，中室具环形斑。

幼虫取食大豆等豆科植物。上海地区 9—10 月灯下可见成虫。

豆荚野螟

蔗茎禾草螟

Chilo sacchariphagus (Bojer)

别名条螟。成虫体翅灰褐色，翅展 25—32 毫米，头部具长而前伸的小唇须，前翅脉间具褐色条纹，中室后角具一黑点，后翅白色。

幼虫取食高粱、甘蔗等植物。上海地区 8 月灯下可见成虫。

蔗茎禾草螟

甜菜白带野螟

Spoladea recurvalis (Fabricius)

别名甜菜青野螟、甜菜叶螟、甜菜野螟。成虫翅展 24—26 毫米，棕褐色。前翅中央有 1 条波纹状白色斜向条带，靠近外缘有 1 条短白带和 2 个白点；后翅深棕褐色，有 1 条斜向白带。

幼虫取食甜菜、向日葵等植物叶片。上海地区 7—8 月灯下可见成虫。

甜菜白带野螟

尺蛾科 Geometridae

本科昆虫种类多, 已知种类至少在20000 种以上。一般体躯较瘦, 翅较广大, 飞翔力不强, 休息时翅平放, 有时雌蛾翅退化, 雄蛾则照常发达。幼虫腹足一般仅存于第 6 及第 10 腹节, 运动时常首尾相就, 曲屈前进, 好像量地, 所以俗称尺蠖。北方又称步曲或造桥虫。

大叶黄杨金星尺蛾

Abraxas suspecta Warren

别名丝棉木金星尺蛾、大叶黄杨尺蛾。成虫头部黑褐色, 胸部背面黑色, 腹面及侧面黄色。成虫翅展 37—43 毫米, 翅银白色, 上有淡灰色斑纹, 前翅翅基、前后翅臀角处均有锈黄色斑块, 前翅端室附近的灰黑色斑中隐约可见圆形的不完整的黑褐色斑。后翅也有灰褐色斑纹, 较稀疏。

幼虫取食丝绵木、大叶黄杨、扶芳藤、卫矛等植物叶片。上海地区 6—8 月灯下可见成虫。

---

❶ 大叶黄杨金星尺蛾 成虫

❷ 大叶黄杨金星尺蛾 幼虫

❸ 大叶黄杨 (寄主植物)

樟翠尺蛾

樟三角尺蛾

樟翠尺蛾

Thalassodes quadraria Guenée

体长 12—14 毫米, 成虫翅展 33—36 毫米。头灰黄色. 复眼黑色, 触角灰黄色, 雄蛾触角羽毛状, 雌蛾触角丝状。胸、腹部背面翠绿色, 两侧及腹面灰白色。翅翠绿色, 前翅前缘灰黄色, 前、后翅各有白色横线二细条, 较直, 缘毛灰黄色, 翅反面灰白色。前足、中足胫节红褐色, 其余灰白色, 后足灰白色。

幼虫取食香樟叶片。上海地区 4—10 月灯下可见成虫。

樟三角尺蛾

Trigonoptila latimarginaria (Leech)

成虫体灰黄色, 翅展 40—50 毫米。前、后翅各有 1 条斜线, 由翅后缘向外伸出, 形成三角形的一条边。前翅顶角有 1 个卵形浅斑, 中室下方由内横线至斜线间有 1 个粉色三角斑。后翅斜线内侧粉褐色, 外侧褐黄, 顶角凹缺。

幼虫取食香樟叶片。上海地区 4—10 月灯下可见成虫。

棉大造桥虫

Ascotis selenaria (Denis et Schiffermüller)

别名大造桥虫。成虫翅展 24—50 毫米, 体色变异较大, 常见浅黑褐色, 翅上的横线和斑纹均为黑色或暗褐色, 前后翅中室端具一浅褐色斑, 围以黑色。亚基线和外横线锯齿线, 其间为灰黄色, 有的个体可见中横线及亚缘线。触角双栉齿状, 但分支较短。

幼虫取食杜鹃、木槿、珊瑚树、大叶黄杨、栀子、无患子等植物叶片。上海地区 4—9 月灯下可见成虫。

棉大造桥虫

小蜻蜓尺蛾

Cystidia couaggaria (Guenée)

　　翅狭长，黑色，有白色斑纹。腹细长，形似蜻蜓但较小，腹部赭黄色，有黑斑。

　　幼虫取食红叶李、火棘、海棠、木槿、石楠等植物叶片。上海地区 5—6 月灯下可见成虫。

1 小蜻蜓尺蛾 成虫
2 小蜻蜓尺蛾 幼虫
3 小蜻蜓尺蛾 蛹
4 石楠（寄主植物）
5 火棘（寄主植物）

国槐尺蛾

国槐尺蛾

Chasmia cinerearia (Bremer et Grey)

别名槐尺蛾、国槐尺蠖。成虫体翅灰褐色，具黑褐色斑点。翅展 30—45 毫米，前翅具 3 条横线，其中外线明显，在近前缘断裂，裂前的斑纹呈三角形，裂后多由 3 列黑斑组成，并被灰褐色翅脉分开，后翅具 2 条横线，外线双线，线外常具深褐色不规则纹，前后翅具中室端斑。外缘锯齿状。

幼虫取食中国槐、刺槐、龙爪槐等植物叶片。上海地区 4—10 月灯下可见成虫。

桑尺蛾

Phthonandria atrilineata (Butler)

成虫前翅长 19—22 毫米，触角双栉状。体黄褐色，翅上密布黑褐色细横短纹，色斑变化大，但前翅均可见 2 条黑色横线，其中外线在顶角下外凸，后翅仅 1 条横线，较直。

幼虫取食桑叶。上海地区灯下偶见成虫。

桑尺蛾

角顶尺蛾

角顶尺蛾

Phthonandria erriaria (Bremer)

成虫前翅长 18—20 毫米, 触角雌蛾线状, 雄蛾双栉状。体背灰褐色至红褐色, 胸部的颜色较深前翅 2 条黑褐色横线, 内线在中部外凸, 外线波浪形, 两线之间较浅, 与体腹同色, 两线内侧和外侧常与胸背同色; 后翅外线黑色, 其外侧褐色, 端缘灰褐色, 外缘锯齿形。

幼虫取食不详。上海地区灯下偶见成虫。

格庶尺蛾

格庶尺蛾

Chiasmia hebesata (Walker)

成虫体背及翅灰褐色, 前翅长 12—13 毫米, 翅面着生众多小褐点, 尤以翅基为多。前翅具 3 条褐色横条, 外线近顶端明显外凸, 臀角处常深褐色。后翅具 2 条横线, 外线中部外侧常具褐斑。前后翅中室斑点明显。

幼虫取食胡枝子。上海地区灯下偶见成虫。

紫条尺蛾

紫条尺蛾

Timandra recompta (Prout)

成虫翅展 20—25 毫米, 前后翅中部的斜线、缘线及缘毛紫红色。

幼虫取食不详。上海地区灯下偶见成虫。

钩蛾科 Drepanidae

成虫体较细瘦，中等大。翅阔而薄。单眼退化，口吻长，触角丝状或栉齿状。卵圆形，有微细点刻。幼虫尾端有一突起，多无臀足，静止时高举，腹部某些环节往往有背面突起。蛹在茧中，存于地上中间。全世界已知 800 种，我国已记载 196 种。

荚蒾钩蛾

Psiloreta pulchripes (Butler)

成虫翅展 34—42 毫米。前翅赤褐色，散布棕褐色斑点。后翅基部及前缘淡黄色，中室内方有赤褐色宽横带，顶角有一赤褐斑。头橘红色，触角橘黄色。

幼虫取食荚蒾、珊瑚树等植物叶片。上海地区灯下 7 月可见成虫。

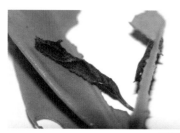

荚蒾钩蛾 幼虫

荚蒾钩蛾 成虫

蚕蛾科 Bombycidae

成虫单眼退化，口吻消失，下唇须退化，触角羽状，足有微毛。

本科已知 70 余种。

野蚕 成虫

桑树（寄主植物）

野蚕

Bombyx mandarina (Moore)

别名桑蚕、野蚕蛾。成虫体翅暗褐色，前翅的外缘顶角下方向内凹陷，顶角下方至外缘中部有较大的深棕色斑。后翅色略深，中部有较深色宽横带，后缘中央有一新月形棕褐色斑，内线及外线色稍浓，棕褐色，各由 2 条线组成，亚端线深棕褐色较细，下方微向内倾斜，外围白色。

幼虫取食桑树、构树等植物叶片。上海地区 8—9 月灯下可见成虫。

① 樗蚕蛾 成虫
② 樗蚕蛾 幼虫
③ 樗蚕蛾 蛹
④ 樗蚕蛾 茧

天蚕蛾科 Saturniidae

成虫属大型或极大型蛾类，又称大蚕蛾科。体强壮，色泽美丽，包括昆虫纲中的最大种类。许多种类的翅上有透明窗斑，体上及翅基部生有长毛，触角短，仅在基部生鳞毛，每节生两对栉齿。幼虫一般食树叶，有棘状突起，吐丝作茧，常为人们所利用。

樗蚕蛾

Samia cynthia Drurvy

别名乌柏樗蚕蛾。成虫翅展 120—135 毫米。前翅顶角外突，雄蛾更明显，下方具一黑眼斑，上缘白色。前后翅翅中央具一眉形斑，内具细窄的透明带或无。前后翅具一白色横带，外衬淡红棕至紫红色。

幼虫取食香樟、乌柏等植物叶片。上海地区 7—8 月份灯下可见成虫。

绿尾大蚕蛾

Actias ningpoana C. Felder et R. Felder

别名水青蛾。成虫翅展115—126毫米。翅前缘及胸部具一条紫红色横带,带的前缘色浅,后缘色深。前后翅中央横脉处具一眼斑,外半侧淡黄褐色,中间透明,内侧由几条色带组成。眼斑外侧具1或2条淡褐色细纹。

幼虫取食柳、杨、枫杨、乌桕、海棠、喜树等植物叶片。上海地区4—7月灯下可见成虫。

樟蚕 成虫

樟蚕 幼虫

绿尾大蚕蛾 成虫

樟蚕

Samia pyretorum Westwood

别名樟蚕蛾、枫蚕蛾。雌蛾体长32—35毫米,翅展约100—115毫米,雄蛾略小。体翅灰褐色,前翅基部暗褐色,外侧为一褐条纹,条纹内缘略呈紫红色。翅中央有一眼状纹,翅顶角外侧有紫红色纹两条,内侧有黑褐色短纹两条。外横线棕色、双锯齿形。翅外缘黄褐色,其内侧有白色条纹。后翅与前翅略同。

幼虫取食樟树、枫杨、枫香等植物叶片。上海地区3—4月灯下可见成虫。

绿尾大蚕蛾 幼虫

黄褐箩纹蛾

箩纹蛾科 Brahmaeidae

本科昆虫成虫外形近似天蚕蛾科，为大型蛾类。雌、雄触角均羽状，翅上密布箩筐条纹，此为特色，以此命名。本科已知仅十几种，我国已知5种。

黄褐箩纹蛾

Brahmaea certhia (Fabricius)

别名水蜡蛾。成虫体长40—43毫米，翅展124—137毫米。体黑褐色至黑色，前胸前缘及肩片两侧具黄褐色边，前翅外缘具1列半圆形斑带，顶角具黑斑，斑带内侧具箩纹斑，共由9条组成，仅翅的后半部明显，中斑由横向的椭圆形黑斑组成，前半呈灰褐色，从后缘的第3、4斑内侧呈尖形。

幼虫取食女贞、白蜡、丁香等植物叶片。上海地区4—9月灯下可见成虫。

天蛾科 Sphingidae

一般为较大的蛾类,色泽美丽,日间、傍晚或夜间飞行,飞翔力很强而活泼。头大,眼突出。触角棍棒状或纺锤状,末端有尖钩,雄栉齿状,雌丝状。口吻很长。前翅大而狭,顶角尖,外缘斜形或扇形,呈长三角形。后翅较前翅小,着色明显,一般有光辉,鳞毛厚而密,亦有部分透明,外形如蜂翅。休息时,翅平褶体上,腹部粗而尖,成纺锤形,有时腹端生毛束。幼虫大型,体躯平滑,亦有瘤起,稀有细毛,前部各节较细,伸缩自在,腹部各节,每节有6—8小轮纹,第8腹节有尾角,体上常有纵纹,体侧通过气门往往有斜行条纹,幼虫休息或受惊时,常收缩前躯。因幼虫体形大,食量相对较大,为害植物有时能成大患。幼虫常在土中作室化蛹,蛹体光滑而坚硬。天蛾科已知1000种以上。

豆天蛾

Clanis bilineata tsingtauica Mell

别名豆虫、豆丹。成虫体长40—45毫米,翅展100—120毫米。中足胫足外侧白色。体和翅黄褐色,多绒毛,头胸部背具暗褐色细背线,腹部背面各节后缘具棕黑色横纹。前翅狭长,前缘近中央有较大的半圆形浅色斑,翅面上可见6条褐绿色波状横纹,顶角有1条暗褐色斜纹,后翅小,暗褐色,基部上方有赭色斑,后角附近黄褐色。

幼虫危害大豆、刺槐等部分豆科植物。上海地区7—8月灯下可见成虫。

豆天蛾

① 葡萄天蛾　成虫
② 葡萄天蛾　幼虫
③ 葡萄天蛾　蛹

葡萄天蛾

Ampelophaga rubiginosa Bremer et Grey

别名葡萄虎。成虫体长约 45 毫米、翅展 85—110 毫米。体背从胸部至腹部末端有 1 条灰白色细纵线。前翅具茶褐色横线，以中线为最粗大，顶角具近三角形棕色斑。

幼虫取食葡萄、爬山虎、黄荆、乌蔹梅等植物叶片。上海地区 7—8 月份灯下可见成虫。

丁香天蛾 幼虫

丁香天蛾 成虫

丁香天蛾

Psilogramma increta (Walker)

成虫体长 45—50 毫米, 翅展 108—126 毫米。前胸肩板两侧具黑色纵线, 后缘具 1 对黑斑, 内侧上方具白斑, 白斑下具黄白色条斑。前翅中部具 3 条黑色条纹, 顶角处具一弯曲的黑纹, 有时翅中的黑色条纹增加, 或扩大成片状的黑色区域。腹部腹面白色。

幼虫取食女贞、白蜡等植物叶片。上海地区 6—9 月灯下可见成虫。

芋双线天蛾

Theretra oldenlandiae (Fabricius)

成虫体长 40 毫米, 褐绿色。胸部背线灰褐色明显易见。前翅灰褐色, 翅面有数条灰褐色和黄白色条纹。后翅黑褐色, 有灰黄横带 1 条。缘毛白色, 前后翅

反面有黄褐色, 有 3 条暗褐色横线。

幼虫取食葡萄属、凤仙花、牡丹等植物叶片。上海地区 6—9 月灯下可见成虫。

芋单线天蛾

Theretra pinastrina (Martyn)

成虫翅展 65—72 毫米。形似芋双线天蛾, 但胸部到腹部背面末端有 1 条白色纵线。

幼虫取食爬山虎等植物叶片。上海地区灯下偶见成虫。

芋单线天蛾

芋双线天蛾

雀纹天蛾

Theretra japonica (Orza)

别名爬山虎天蛾、雀斜纹天蛾、日斜天蛾、葡萄斜条天蛾。成虫体长约 40 毫米，翅展 67—72 毫米。体绿褐色，头胸部两侧、背中线有灰白色绒毛，背线两侧有橙黄色纵纹，各节间有褐色条纹。前翅黄褐色，有从顶角伸达后缘的暗褐色斜条纹 6 条，后翅黑褐色，臀角附近有橙灰色三角斑纹。

幼虫取食葡萄、爬山虎、绣球花、常春藤等植物叶片。上海地区 5—9 月灯下可见成虫。

❶ 雀纹天蛾 成虫
❷ 雀纹天蛾 幼虫
❸ 雀纹天蛾 蛹

白薯天蛾

Agrius convolvuli (Linnaeus)

别名旋花天蛾、甘薯天蛾。成虫翅展 90—100 毫米,前翅的外、中、内线各为双条深棕色尖锯齿线。腹部背中灰色具黑色细线,两侧每节有由白色、桃红色和黑色组成的斑纹。

幼虫取食茄科、豆科、旋花科等植物叶片。上海地区 6—10 月灯下可见成虫。

白薯天蛾

钩月天蛾

Parurri colligata (Walker)

成虫翅展 65—80 毫米,体、翅灰绿色,具褐绿色大斑纹,翅中具一明显的白星,顶角处具一半圆形紫褐色斑。

幼虫取食构树、桑树等植物叶片。上海地区灯下偶见成虫。

钩月天蛾

葡萄缺角天蛾

Acosmeryx naga (Moore)

成虫翅展 105—110 毫米。前翅各横线棕褐色,亚外缘线伸达后角,但顶角处缺。翅中室端具一小黄白斑。

幼虫取食葡萄、爬山虎等植物叶片。上海地区灯下偶见成虫。

葡萄缺角天蛾

斜纹天蛾

鹰翅天蛾

斜纹天蛾

Theretra clotho (Drury)

　　成虫翅展 75—85 毫米。体、翅灰黄色。前翅中室有一小黑点，自顶角至后缘有 1 条深褐色斜纹。

　　幼虫取食爬山虎、紫藤等植物叶片。上海地区灯下偶见成虫。

鹰翅天蛾

Oxyambulyx ochracea (Butler)

　　成虫体长 48—50 毫米，翅展 97—110 毫米，体翅橙褐色。胸背黄褐色，两侧浓绿至褐绿色。腹部第六节两侧及第八节背面有褐绿色斑。前翅暗黄，内线不明显，中线和外线褐绿色波状，顶角弯曲呈弓状似鹰翅，内线近前缘及后缘处有 2 个褐绿色圆斑，后角内上方有褐色及黑色斑。后翅呈黄色，有较明显的棕褐色中带及外缘带。

　　幼虫取食槭树科植物等植物叶片。上海地区灯下偶见成虫。

枣桃六点天蛾

Marumba gaschkewitschi (Bremer et Grey)

别名桃六点天蛾、枣六点天蛾、酸枣天蛾。成虫翅展 80—110 毫米。胸部背面棕黄色，背线棕色。前翅近外缘处黑褐色，边缘波状，近后角处具黑斑，其前方有一黑点。后翅枯黄色至粉红色，近后角处具 2 个黑斑。

幼虫取食桃、枣、葡萄等植物等植物叶片。上海地区灯下偶见成虫。

芝麻鬼脸天蛾

Acheronitia styx Westwood

成虫体长约 50 毫米，翅展 100—120 毫米。头胸部褐黑色，胸部有黑色条纹、斑点及黄色斑组成的骷髅状斑纹。腹部背面有蓝色中背线及黑色环状横带，两旁及侧面土黄色，各节后缘黑色。前翅狭长，棕黑色，翅面混杂有微细白点及黄褐色鳞片，呈天鹅绒光泽，横线及外横线由数条黑色波状线组成，横脉上具一黄色斑，近外缘有橙黄色纵条，中室有一灰白小圆点。后翅杏黄色，有 2 条粗黑横带。

幼虫取食豆科、紫薇科等部分种类植物叶片。上海地区灯下偶见成虫。

枣桃六点天蛾

芝麻鬼脸天蛾

斑腹长喙天蛾

斑腹长喙天蛾

Macroglossum variegatum Rothschila et Jordan

成虫翅展约50毫米。虫体棕黄色。腹部两侧有橙黄色的斑，尾毛刷状。胸部腹面白色，腹部腹面橙黄色，两侧有白点。前翅棕黄色。

幼虫取食不详。上海地区灯下偶见成虫。

黑长喙天蛾

黑长喙天蛾

Macroglossum pyrrhosticta (Butler)

成虫翅展45—55毫米。虫体和翅黑褐色。腹部第二、三节两侧有橙黄色斑，第五节后缘有白色毛丛。前翅内横线为黑色宽带，外横线"双线"波纹状，顶角处有一黑色斑纹。后翅有橙黄色宽带。

幼虫取食茜草科植物。上海地区灯下偶见成虫。

榆绿天蛾

榆绿天蛾

Callambulyx tatarinovi (Bremer et Grey)

成虫翅展70—80毫米。胸部背面具墨绿色近菱形斑。前翅顶角处具1近三角形深绿色斑，分界明显。后翅大部红色。

幼虫取食榆、柳等植物叶片。上海地区灯下偶见成虫。

红天蛾

红天蛾

Deilephila elpenor (Linnaeus)

别名红夕天蛾、凤仙花天蛾。成虫
体长 35 毫米左右,翅展 55—70 毫米。
体翅主要为红色,间杂土黄色。头、胸、
腹背线及两侧红色,两侧具黄绿色纵带。
后翅红色,靠近基部为黑色。

幼虫取食葡萄、凤仙花、忍冬等植
物叶片。上海地区 4—8 月灯下可见成虫。

夹竹桃白腰天蛾

Daphnis nerii Linnaeus

别名绿白腰天蛾。成虫灰褐色,体
长 55 毫米左右,翅展 90—110 毫米。体
翅青褐色,前翅基部灰白色,中央有 1 个
黑点,中部至前缘有 1 个灰白至青色、形
似汤勺状斑纹,距顶角 10 毫米左右有 1
条灰白色纵线,翅中下部至外缘有 1 条
淡红棕色宽带。中胸两侧各有 1 个外镶
白边的青色三角形斑纹。腹部有 1 条白
色宽横带。

幼虫取食夹竹桃叶片。上海地区
6—9 月灯下可见成虫。

夹竹桃白腰天蛾

夹竹桃(寄主植物)

舟蛾科 Notodontidae

中等至大型蛾类，灰褐等色，夜间飞行，很像夜蛾。触角丝状或栉齿状。后足有长毛。前翅后缘有时生黑色束状毛，休息时突起像齿状。卵球状，淡色，单粒或成块，产在植物上。幼虫裸体，或有瘤，或有毛，第5对足有时退化或消失，胸足很少延长，在休息时伸向前方。体背有瘤或针形突起，色彩显明，有群集性，有时仅以中央原足停附在物体上，体前后端弯起，高举空中有似船形，故称舟蛾。幼虫取食阔叶林树木，常发生在森木、防护林、行道树和苗圃，部分种类为害果树、竹林，少数为害禾本科农作物。全世界已知3500余种，我国已有370种以上，约占全世界总种数的十分之一。

杨扇舟蛾

Clostera anachoreta (Fabricius)

别名白杨天社蛾。雌成虫体长15—20毫米，雄虫略小，体灰褐色，翅面有4条灰白色波状横纹，顶角有1个褐色扇形斑，外横线外方斑内有黄褐色带锈红色斑一排，约3—5个不等，扇形斑下方有1个较大的黑点。后翅呈灰褐色。

幼虫取食杨树、柳树等植物叶片。上海地区3—11月灯下可见成虫。

❶ 杨扇舟蛾 成虫

❷ 杨扇舟蛾 幼虫

❸ 杨树（寄主植物）

分月扇舟蛾

Clostera anastomosis (Linnaeus)

别名银波天社蛾。成虫体长 12—18 毫米,翅展 32—47 毫米。体灰褐色,头顶和胸背中央黑褐色。前翅暗灰褐色,有 3 条灰白色横线,外缘顶角附近略带棕黄色,扇形斑为模糊的红褐色。亚外缘线由 1 列褐色点排成波浪形。后翅色较前翅淡。雄虫腹部较瘦细,尾部有长毛 1 丛,身体颜色比雌虫深。

幼虫取食杨树、柳树等植物叶片。上海地区 5—11 月灯下可见成虫。

❶ 分月扇舟蛾 成虫

❷ 分月扇舟蛾 幼虫

❸ 分月扇舟蛾 产卵

❹ 危害状

① 杨小舟蛾 成虫

② 杨小舟蛾 幼虫

③ 幼虫危害状

杨小舟蛾

Micromelapha troglodyta (Graeser)

成虫体长 11—14 毫米，翅展 24—26 毫米。体色变化大，有灰褐色、红褐色或暗褐色等。前翅有 3 条灰白色横线，外横线波浪形，横脉为一小黑点。后翅黄褐色，臀角有 1 个赭色或红褐色小斑。

幼虫取食杨树、柳树等植物叶片。上海地区 4—9 月灯下可见成虫。

① 杨二尾舟蛾 成虫

② 杨二尾舟蛾 卵

③ 杨二尾舟蛾 幼虫

杨二尾舟蛾

Cerura menciana Moore

别名双尾天社蛾、杨双尾舟蛾。成虫体长 28—30 毫米，体灰白色，前后翅脉纹黑色或褐色，上有整齐的黑点和黑波纹。胸背面有对称排列的 8 个或 10 个黑点。前翅基部有 2 个黑点。外缘排列有 8 个黑点，后翅白色，外缘排列有 7 个黑点。

幼虫取食杨树、柳树等植物叶片。上海地区 4—7 月灯下可见成虫。

毒蛾科 Lymantriidae

中等至大型蛾类，体躯粗肥，多毛，一般夜动性，亦有傍晚或白天飞行的。大小色泽，因性别而异，雌的翅往往退化，不能飞行，触角栉齿状，或顶端羽状。雄的比较发达，单眼消失。口吻退化或消失，口须短，足厚生毛；雌蛾腹端有毛束，用以盖卵，并有明显背线两条，气门上方有覆盖，产卵成块，往往有产在蛹壳中的。幼虫有长毛，常成束发状的毛瘤，毛瘤的位置与原生刚毛的位置相同，毛瘤形状、大小、位置不同属种间差异很大，是分类的依据。该科幼虫有群集性，未成熟期间尤为明显，进入夏眠状态的时候，最为显著。幼虫第 6 及第 7 腹节背面，常有反缩腺。蛹存于粗茧内。

茧面上常附有幼虫毒毛。在森林里尤以落叶、阔叶树类受害最重。全世界已知 2500 种以上，我国已知 200 种左右。

黄尾毒蛾

Porthesia similis (Fuessly)

别名桑毛虫、盗毒蛾、金毛虫、黄尾白毒蛾、桑毒蛾。成虫体长 15 毫米左右，翅展 30 毫米左右。体、翅白色，复眼黑色。前翅后缘近臀角处有 2 个黑褐色斑纹。雌成虫触角栉齿状，腹部粗大，尾端有黄色毛丛。雄成虫触角羽毛状，尾端黄色部分较少。

幼虫取食悬铃木、樱花、珊瑚树等植物叶片。上海地区 6—9 月灯下可见成虫。

黄尾毒蛾 幼虫　　　　　　　　　　　　黄尾毒蛾 成虫

乌桕黄毒蛾

Euproctis bipunctaex (Hampson)

别名乌桕毒蛾、乌桕毛虫、枇杷毒蛾、油桐叶毒蛾。雌蛾体长 8—13 毫米，翅展 26—36 毫米，琥珀色；前翅除前缘、翅尖和臀角外，均密布有深褐色鳞片；顶角黄色区内有黑点 2 个；后翅除外缘和缘毛外，均散生茶褐色鳞片；腹末具黄色毛丛。雄蛾较小，体长 6—10 毫米，翅展 20—28 毫米。黄褐至深茶褐色；有季节性变化；前翅前缘、翅尖及臀角黄褐色或浅茶褐色；腹末无丛毛。

幼虫取食乌桕、梨、珊瑚、枇杷等植物叶片。上海地区 6—10 月灯下可见成虫。

① 乌桕黄毒蛾 成虫

② 乌桕黄毒蛾 幼虫

③ 枇杷（寄主植物）

蜀柏毒蛾

Parocneria orienta Chao

雄成虫体长12—15毫米，翅展29—35毫米；触角干暗褐色，栉齿黑褐色。头和胸部灰白色，有白色毛；腹部灰褐色，基部颜色较浅；足灰褐色，有白色斑；前翅白色或褐白色，中区和外区密布褐色或黑褐色鳞片；内横线和中横线锯齿状，外横线、亚外缘线深锯齿形；外缘线由一列点组成；缘毛白色和褐色或黑褐色相间。雌成虫体较大，体长18—20毫米，翅展33—45毫米；颜色较浅，斑纹较雄蛾清晰；后翅灰白色，外缘褐色或黑褐色。

幼虫取食侧柏、桧柏、柏木、龙柏等植物叶片。上海地区6—10月灯下可见成虫。

1 蜀柏毒蛾 成虫
2 蜀柏毒蛾 幼虫
3 蜀柏毒蛾 蛹

幻带黄毒蛾

Euproctis varians (Walker)

　　别名台湾茶毛虫。成虫翅展 18—30 毫米, 体浅橙黄色, 前翅内横线和外横线黄白色, 近于平行, 微向外凸, 两线间颜色稍浓, 无暗色鳞片。后翅浅黄色。

　　幼虫取食柑橘、枇杷、山茶、油菜等植物叶片。上海地区 6—9 月灯下可见成虫。

幻带黄毒蛾

豆毒蛾

Cifuna locuples Walker

　　别名大豆毒蛾、肾毒蛾。成虫体长 17—19 毫米, 翅展 34—50 毫米。体翅黄褐色至暗褐色。前翅有 2 条黑褐色横带, 带间有一肾形斑。

　　幼虫取食柳、月季、海棠、栎、榆等植物叶片。上海地区 4—10 月灯下可见成虫。

豆毒蛾

榆毒蛾

Ivela ochropoda (Eversmann)

　　别名榆黄足毒蛾。成虫体长 12—15 毫米, 触角栉齿状, 黑色。体、翅纯白色。前翅密生大而粗的鳞毛, 翅脉白色, 翅顶较圆。前足腿节半部至跗节以及中、后足胫节前半部及跗节均为橙黄色。

　　幼虫取食榆树叶片。上海地区 6—10 月灯下可见成虫。

榆毒蛾

杨雪毒蛾

白线肾毒蛾

白线肾毒蛾

Ilema jankowskii (Oberthür)

别名白线棕毒蛾。成虫翅展 30—40 毫米。虫体浅黄色。前翅红棕色，亚基线黑色衬浅蓝色，内线为一条黑带，微外弯，其外缘衬白色线。横脉纹肾形。外线黑色，略呈锯齿形，前端较粗，线内侧衬一白色线。亚端线黑色，锯齿形，前端有一黑斑。后翅棕褐色。

幼虫取食葡萄等植物叶片。上海地区 6—10 月灯下可见成虫。

杨雪毒蛾

Leucoma candida (Staudinger)

别名杨毒蛾、柳毒蛾、柳雪毒蛾。成虫体长 11—20 毫米，翅展 33—55 毫米，全体密生白色绒毛。前后翅均呈白色并微带丝质光泽。触角主干纯白色，栉齿灰褐色。足白，胫节、跗节黑白相间。

幼虫取食杨、柳和椴属植物叶片。上海地区 6—9 月灯下可见成虫。

灯蛾科 Arctiidae

成虫为中等至大型蛾类,体厚多毛,一般为白、灰、黄、褐、橙、红、黑等色,有黑点纹。眼光滑,或有毛,有单眼。触角丝状或栉齿状。前翅鳞毛平滑。卵淡白色,球状或稍扁,有刻纹,产卵成块。幼虫有毛,赤褐或黑色,幼虫成熟后,进入休眠状态。蛹化茧内,茧丝质常混幼虫毛。成虫夜动性,白天常停止在植物上面。灯蛾科所包括范围很大,已知 4000 种以上,中国已记载的有 300 余种。

人纹污灯蛾

Spilarctia subcarnea (Walker)

别名红腹灯蛾、红腹白灯蛾、人字纹灯蛾。成虫体长 20 毫米左右,翅展 45—55 毫米。体、翅白色,腹部背面除基节与端节外皆红色,背面、侧面具黑点列。前翅外缘至后缘有一斜列黑点,两翅合拢时呈"人"字形,后翅略染红色。

幼虫取食榆、杨、木槿、萱草、鸢尾、菊花、月季等植物叶片。上海地区 5—8 月灯下可见成虫。

人纹污灯蛾

八点灰灯蛾
Creatonotus transens (Walker)

八点灰灯蛾

别名八点污灯蛾。成虫体长 20 毫米左右，翅展 38—54 毫米。头胸白色，稍带褐色。胸足具黑带，腿节上方橙色。腹部背面橙色，腹末及腹面白色，腹部各节背面、侧面和亚侧面具黑点。前翅灰白色，略带粉红色，中室上角和下角各具 2 个黑点。后翅灰白色，有时具黑色亚端点数个。

幼虫取食桑、柑橘、悬铃木、柳等植物叶片。上海地区 5—9 月灯下可见成虫。

星白污灯蛾
Spilosoma lubricipeda (Linnaeus)

星白污灯蛾

别名星白灯蛾、星白雪灯蛾、黄腹白灯蛾、黄星雪灯蛾。成虫体长 14—18 毫米，翅展 37—45 毫米。雄蛾触角栉齿状。腹部背面红色或黄色，若腹部背面为红色，则胸足腿节上方亦为红色，每腹节中央有 1 个黑斑，两侧各有 2 黑斑。前翅肉色略带黄色，散布黑色斑点。

幼虫取食海桐、桑、菊花、月季、茉莉等植物叶片。上海地区 4—9 月灯下可见成虫。

广鹿蛾
Amata emma (Butler)

广鹿蛾 成虫

别名鹿蛾。成虫翅展 24—36 毫米，体背黑褐色具蓝紫光泽，颈板黄色，腹背面各节具黄带, 腹面黑褐色。触角端白色。前后翅黑褐色, 前翅具有 6 个透明斑, 从翅基呈 1—2—3 排列, 以中间的两个最大。后翅后缘基部黄色, 中部具有一个大透明斑。

广鹿蛾 幼虫

　　幼虫取食乌蔹梅等植物叶片。上海地区 6—8 月灯下可见成虫。

粉蝶灯蛾

Nyctemera adversata (Schaller)

　　成虫翅展 44—56 毫米。头黄色, 颈板黄色。额、头顶、颈板、肩角、胸部各节有 1 个黑点, 翅基片具黑点 2 个。腹部白色、末端黄色, 背面、侧画具黑点列。前翅白色, 翅脉暗褐色, 中室中部有一暗褐色横纹。

粉蝶灯蛾

　　幼虫取食葡萄叶片。上海地区灯下偶见成虫。

拟三色星灯蛾

Utetheisa lotrix (Cramer)

　　成虫翅展 32—40 毫米。头、胸黄白色, 胸部有黑斑点, 腹部白色。前翅黄白色, 有红、白相间的斑点带。后翅白色, 通常中室端有 1—2 个黑点, 外线为不规则黑斑带。

拟三色星灯蛾

　　幼虫取食扶桑等植物叶片。上海地区灯下偶见成虫。

夜蛾科 Noctuidae

成虫为中等至大型蛾类,体粗厚而结实,一般暗灰褐色,密生鳞毛,傍晚及夜间飞行,很少有白天活动的。头小眼大,眼光滑,有时生毛,一般有两单眼。口吻发达,能吸糖蜜果汁,很少缺口吻。触角丝状,雄虫有时呈锯齿或栉齿状。后翅色彩较淡,有时有鲜明色彩,休息时,叠翅如屋脊形。腹端有毛丛。卵球状,有时稍扁,有放射状刻纹,常产卵成块。夜蛾科幼虫腹部的原足对数因种类不同,一般在第六腹节常有原足一对,第六以前各节的原足,有时退化。幼虫一般夜里取食,为害农作物,所以也称夜盗虫。大量发生后,有成群迁移习性,这时在白天亦能加害农作物,造成大害。本科已知 20000 种以上,种类多而形态相仿,有些在分类上往往比较困难。

斜纹夜蛾

Spodoptera litura (Fabricius)

别名斜纹夜盗蛾、连纹夜蛾、斜纹贪夜蛾、夜盗虫、乌头虫。成虫体长 16—21 毫米,翅展 33—42 毫米,头部和胸部灰褐色,前翅褐色,雄蛾翅色较深,具复杂的黑褐色斑纹,翅中自前缘至后缘有一条灰白色宽阔的带状斜纹,带状斜纹中部有两条褐色斜纹。后翅银白色,半透明,闪紫色光。

幼虫取食各种草坪、三叶草、吊兰、彩叶草、荷花、睡莲等植物叶片。上海地区 6—11 月灯下可见成虫,8—9 月种群数量较大。

① 斜纹夜蛾 成虫
② 斜纹夜蛾 幼虫
③ 危害状
④ 荷花(寄主植物)

甜菜夜蛾

Spodoptera exigua (Hübnerz)

别名贪夜蛾、菜褐夜蛾。成虫体长8—10毫米，翅展19—29毫米。体、翅灰褐色，前翅近前缘中部具一环纹，圆形，粉黄色，黑边。其外侧具一肾形纹，粉黄色，中央褐色，黑边。

幼虫危害禾本科草坪等。上海地区7—8月灯下可见成虫。

甜菜夜蛾 成虫

甜菜夜蛾 幼虫

淡剑夜蛾

Spodoptera depravata (Butler)

别名淡剑灰翅夜蛾、淡剑袭夜蛾，淡剑贪夜蛾，小灰夜蛾。成虫体长11—13毫米，翅展22—27毫米。前翅短桨形，在中室中部有黄白色椭圆形环纹，中室末端有略近方形的褐色斑纹。雌蛾头灰褐色，颇小。触角丝状。胸灰褐色，背面密生绒毛，腹面的绒毛较稀疏。前翅外缘有黑褐色断线，由9个点组成。缘毛淡灰褐色。后翅宽广，黄白色，无斑纹，翅脉略呈黄褐色，缘毛黄白色，在后缘者尤长。

幼虫危害高羊茅等禾本科草坪。上海地区5—10月灯下可见成虫，6—9月种群数量较大。

淡剑夜蛾 成虫

淡剑夜蛾 幼虫

小地老虎

大地老虎

小地老虎

Agrotis ipsilon (Hufnagel)

别名土蚕、切根虫。成虫体长 17—23 毫米，翅展 40—54 毫米。前翅棕褐色，环状纹、肾形纹和剑纹均为黑色，其肾形纹外侧具一黑色楔形纹指向外缘，亚缘线上有 2 个黑色楔形纹指向内侧。后翅灰白色，腹部灰褐色。

幼虫危害草本花卉、草坪及植物幼苗。上海地区 4 月开始灯下可见成虫，5—6 月种群数量较大。

大地老虎

Agrotis tokionis (Butler)

别名土蚕、地蚕、切根虫、夜盗虫、截虫。成虫体长 20—25 毫米，翅展 41—48 毫米。全体浅灰褐色，前翅暗褐色，前缘 2/3 呈黑褐色，前翅上有明显的肾形、环形和棒状斑纹，周围有黑褐色边，缘线为一列三角形黑点。后翅浅灰褐色，上有薄层闪光鳞粉，外缘有较窄的黑褐色边，翅脉不太明显。

幼虫危害农作物、林木的根部。上海地区 7—9 月灯下可见成虫。

臭椿皮蛾

Eligma narcissus (Cramer)

别名臭椿皮夜蛾、旋皮夜蛾、椿皮灯蛾。成虫体长 22—28 毫米，翅展 69—80 毫米。头胸部淡灰褐色，胸背有 3 对黑点。腹部土黄色，背面中央及两侧各具 1 列黑点。前翅狭长，从翅基部到翅尖有 1 条白色纵带多把翅分为 2 个部分，前半部黑色，后半部瓦灰色。后翅杏黄色，端部为蓝黑色宽带。

幼虫取食臭椿、香椿等植物叶片。上海地区 5—11 月灯下可见成虫。

毛健夜蛾

Brithys crini (Fabricius)

别名葱兰夜蛾、文殊兰夜蛾。成虫体长 17—20 毫米，黑蓝色，头、胸部暗褐色，前胸着生白色丛毛。前翅黑蓝色带褐色，端部具黑褐色斑纹，内、外缘黑色，外缘后具 1 个宽淡色块，肾纹线褐色、月纹状，中横线黑色、断续波浪形。后翅灰白色，前缘至外缘褐色。

幼虫取食葱兰、朱顶红、石蒜等植物叶、鳞茎。上海地区 4—10 月灯下可见成虫。

臭椿皮蛾 成虫

臭椿皮蛾 幼虫

臭椿皮蛾 成虫

毛健夜蛾 成虫

超桥夜蛾 幼虫

超桥夜蛾 成虫

超桥夜蛾

Anomis fulvida (Guenée)

成虫体长13—20毫米，翅展35—40毫米。头、胸背和前翅棕红色，后翅、腹背灰棕色。前翅顶角略向后弯，较尖。外缘内收成浅弧形，中部明显向外突出，呈尖角，后半部斜收至臀角。停息时两翅合拢，形成中间一个大拱，形似拱桥。各线紫红色，内横线波状，中横线稍直，外横线前半波状，后半不明显，亚端线波状较粗，环状纹紫红色，中央有一白点，肾状纹褐色。后翅灰褐色。

幼虫取食木槿、大叶黄杨等植物叶片。上海地区4—9月灯下可见成虫。

黏虫

Mythimna separate (Walker)

别名夜盗虫、粘虫。成虫体长17—20毫米，翅展36—40毫米。前翅灰黄褐色至淡橙黄色，散布小褐点，前翅环形纹、肾形纹褐黄色。端线为一黑点列。

幼虫危害多种禾本科作物、草坪。上海地区4—10月灯下可见成虫，9—10月种群数量较大。

黏虫

陌夜蛾

桃剑纹夜蛾

陌夜蛾

Trachea atriplicis (Linnaeus)

别名白戟铜翅夜蛾。成虫体长 13—20 毫米，翅展 45—52 毫米。前翅棕褐色，具绿色鳞片，尤其翅基部、环形纹、肾形纹及臀区附近更明显。环形纹中央黑色，有绿环及黑边，肾形纹绿色，后内角有 1 个三角形黑斑。环形纹和肾形纹后侧方具 1 条白色"戟"形斜条。

幼虫危害榆树、地锦、二月兰等。上海地区 6—9 月灯下可见成虫。

桃剑纹夜蛾

Acronicta intermedia (Warren)

别名苹果剑纹夜蛾。成虫体长 17—22 毫米，翅展 40—48 毫米。前翅灰色微褐，中室内的环形纹椭圆形，黑边，肾形纹大，带黑褐色边，此二纹接近，有黑鳞相连或相接。有 3 条与翅脉平行的黑色剑纹。其中，基部的一条呈树枝状，端部的两条平行，外缘的剑形纹较长，接近或伸达外缘。

幼虫取食桃、梨、榆、杨、樱、梅、柳等植物叶片。上海地区 5—8 月灯下可见成虫。

梨剑纹夜蛾

Acronicta rumicis (Linnaeus)

别名梨叶夜蛾。成虫体长 14—18 毫米, 翅展 32—46 毫米。头及胸部棕灰色, 杂生黑白色毛。前翅暗棕色, 间以白色, 环纹灰褐色, 具黑边。肾纹淡褐色, 有一黑条从翅前缘伸达肾纹, 外缘双线黑色, 锯齿状, 在近后缘处具一白斑。

幼虫取食梨、桃、柳、木槿、杨等植物叶片。上海地区 4—7 月灯下可见成虫。

银纹夜蛾

Ctenoplusia agnata (Staudinger)

别名银纹弧翅夜蛾。成虫体长 12—17 毫米, 翅展 32—36 毫米。颜色变异较大, 前翅深褐色, 翅中具一银色斜线, 在外侧呈褐心的 "U" 字形, 其外具实心银斑。前翅后缘及外缘区闪金光。

幼虫取食大豆、十字花科植物。上海地区 7—8 月灯下可见成虫。

梨剑纹夜蛾 幼虫

梨剑纹夜蛾 成虫

银纹夜蛾

石榴巾夜蛾

Paralleia stuposa (Fabricius)

　　成虫体长约 20 毫米, 翅展 46—48 毫米, 体褐色。前翅中部有一灰白色带, 中带的内、外均为黑棕色, 顶角有两个黑斑。后翅中部有一白色带, 顶角处缘毛白色。

　　幼虫取食石榴、紫薇、合欢等植物叶片。上海地区 4—8 月灯下可见成虫。

玫瑰巾夜蛾

Parallelia arctotaenia (Guenée)

　　别名月季造桥虫。成虫体长 18—20 毫米, 翅展 43—46 毫米。体褐色。前翅赭褐色, 翅中间具白色中带, 中带两端具赭褐色点。顶角处有从前缘向外斜伸的

石榴巾夜蛾

玫瑰巾夜蛾

白线 1 条, 外斜至第 1 中脉。后翅褐色, 有白色中带。

幼虫取食大叶黄杨、石榴、月季、玫瑰、蔷薇、迎春、大丽花等植物叶片。上海地区 10 月下旬灯下可见成虫。

间纹德夜蛾

Lepidodelta intermedia Bremer

间纹德夜蛾

别名德夜蛾。成虫体长 12—13mm, 翅展 34—35 毫米。头、胸部灰白带暗褐色, 腹部灰褐色。前翅灰白带淡红褐色, 剑纹黑色细长, 环纹长、略扁, 边缘黑色, 中央有 1 条细长的褐色线。肾纹大, 中央有 1 个褐色的环, 环的外缘伸出 1 个白色尖齿状斑, 肾纹后半部及尖齿均围以黑色, 顶角后有一黑纹内斜至肾纹。后翅淡褐灰色, 端区棕黑色。

幼虫取食情况不详。上海地区 7—8 月灯下可见成虫。

乏夜蛾

Niphonyx segregata Butler

乏夜蛾

别名葎草流夜蛾。成虫体长 11 毫米左右, 翅展 26—30 毫米, 前翅褐色, 中部具暗褐色宽带, 具灰白边, 近顶角处具一暗褐斑, 斑内近下方具 1 个或 2 个黑斑, 斑的内侧后方具 1 个或 2 个黑斑, 有时斑纹会减少。

幼虫取食葎草。上海地区 6—7 月灯下可见成虫。

铃斑翅夜蛾

Serrodes campana (Guenée)

别名斑翅夜蛾。成虫体长40毫米，翅展77毫米左右。头部及胸部黑褐色带灰，腹部褐灰色。前翅中段淡褐灰色，布有细纹，基部及外线外方均睹褐色带紫色，基线为二黑斑。内线黑色，直线达1脉，然后外突，前端及亚中褶处内侧各一黑斑，一后一斑半圆形，环纹为一黑点，肾纹褐色，围以大小不一自边的黑点，中线大波浪形，前端外侧褐色，外线双线黑色，线间黄褐色，前端内斜，并前缘脉后近呈直线，前端内侧有一个三角形黑斑，亚端线淡褐色，大波曲。后翅褐灰色，中部一粗白线，外半部黑褐色，顶角及亚中褶外缘毛白色。

幼虫取食情况不详。上海地区7—8月灯下可见成虫。

铃斑翅夜蛾

中带三角夜蛾

Chalciope geometrica (Fabricus)

别名象夜蛾。成虫体长16—19毫米，翅展43毫米左右。前翅棕褐色，在中部有一黑绒色的三角区，其外侧为细黄白色外线，中间为宽黄白色中线，此二线相互平行，外线的外侧衬有一褐色条，再外则有齿形曲折的黄绒色斜伸至顶角。后翅灰棕色，中带白色。

幼虫取食石榴、柑橘、无患子、悬钩子等植物叶片。上海地区8月下旬灯下可见成虫。

中带三角夜蛾

无患子

苎麻夜蛾

粉缘钻夜蛾

苎麻夜蛾

Cocytodes coerulea Guenée

　　别名苎麻摇头虫。成虫体长 20—30
毫米，翅展 50—70 毫米，体、翅茶褐色。
前翅顶角具近三角形褐色斑；基线、外
横线、内横线波状或锯齿状，黑色；环状
纹黑色，小点状；肾状纹棕褐色，外具断
续黑边；外缘具 8 个黑点。后翅生青蓝
色略带紫光的 3 条横带。

　　幼虫取食苎麻、构树、荨麻、蓖麻、
亚麻等植物叶片。上海地区 4—10 月份
灯下可见成虫。

粉缘钻夜蛾

Earias pudicana Staudinger

　　别名一点钻夜蛾、一点金刚钻、粉
绿钻夜蛾。成虫翅展 20—21 毫米 m，
头胸部粉绿色，或中后胸粉红色，唇须
粉褐色，前翅黄绿色，前缘从基部到 2/3
处具一粉白色条纹，翅中有 1 个褐色圆
点，翅外缘及缘毛褐色。

　　幼虫危害杨、柳等植物。上海地区
4—9 月灯下可见成虫。

白条夜蛾

Ctenoplusia albostriata (Bremer et Grey)

别名白条银纹夜蛾。成虫翅展33—36毫米, 胸腹部具高耸的毛丛, 胸部尤为显著, 背面呈"V"字形, 前翅中部具一黄白色斜条, 偶颜色较深而不明显; 肾纹黑边, 细; 亚端线黑色, 锯齿形。

幼虫危害菊科植物。上海地区8—10月份灯下可见成虫。

白条夜蛾

毛胫夜蛾

Mocis undata (Fabricius)

成虫体长18—22毫米, 翅展46—50毫米。头胸及前翅暗褐色, 前翅内线较粗, 褐色外斜, 末端的外侧具一黑斑点, 中线褐色波浪状, 外线黑色, 环纹系棕色小圆点, 肾纹大, 灰褐色, 亚端线浅褐色, 波浪形, 在翅脉间具黑点, 端线黑色, 后翅暗褐黄色, 外线黑褐色, 翅外缘中部具一褐斑。

幼虫危害六月雪、金橘、木麻黄、柑橘等植物。上海地区7—8月份灯下可见成虫。

毛胫夜蛾

变色夜蛾

Enmonodia vespertili (Fabricius)

成虫体长26—28毫米, 翅展78—80毫米。头部暗褐色, 腹部杏黄色, 前几节背面略带灰色。前翅浅褐色, 略有差异。翅面密布黑棕色细点, 内线褐色外弯,

变色夜蛾 幼虫

变色夜蛾 成虫

肾纹窄，黑棕色，后端外侧有3个卵形黑褐色斑。后翅灰褐色，端区带青色，后缘杏黄色，后翅面上有棕黑色和黑色波浪线纹。

幼虫取食合欢、金合欢、紫藤等植物叶片。上海地区4—9月份灯下可见成虫，9月种群数量较大。

庸肖毛翅夜蛾

庸肖毛翅夜蛾

Thyas juno (Dalman)

别名毛翅夜蛾、肖毛翅夜蛾。成虫体长30—33毫米，翅展81—90毫米。前翅赭褐色至灰褐色，布满黑点，内线黄棕色，后大部呈斜直线。环纹为1个黑点，肾纹处具2个黑斑，有时黑斑不显，呈暗黑边的肾纹。前翅反面黄棕色，具一大一小2个黑斑。后翅黑色，端区红色，中部有粉蓝色钩形斑纹。

幼虫危害李、木槿、梨、桃等植物叶片。上海地区6—9月份灯下可见成虫。

中金弧夜蛾

Diachrysia intermixta Warren

成虫体长17毫米左右，翅展37毫米左右。头、胸部红褐色，腹部黄白色。前翅棕褐色，从顶角至中室处有一近弯月形金色大斑。

幼虫危害菊花等植物。上海地区7月份灯下可见成虫。

中金弧夜蛾

绕环夜蛾

Spirama helicina (Hübner)

　　成虫前翅长 28—33 毫米, 前翅肾纹后部膨大旋曲, 外线双线黑色, 到旋纹后膨大, 并斜伸至后缘。

　　幼虫危害合欢。上海地区 8 月份灯下可见成虫。

棉铃虫

Helicoverpa armigera (Hübner)

　　别名棉铃实夜蛾、钻心虫、青虫、钻桃虫。成虫翅展 30—38 毫米。前翅淡红色或淡青灰色, 内、中线褐色, 波形, 环纹褐边, 中央具一褐点。肾纹褐边, 中央具 1 个深褐色肾形纹。外线双线褐色, 锯齿形, 齿尖外侧具小白点, 有时小白点内侧具明显小黑点。亚端线褐色, 呈一宽带。缘线脉间具小黑点。

　　幼虫蛀食危害木槿、泡桐、月季、大丽花、香石竹、万寿菊、向日葵等植物花苞等组织。上海地区 4—10 月份灯下可见成虫。

绕环夜蛾

棉铃虫 幼虫

棉铃虫 成虫

残夜蛾

残夜蛾

Colobochyla salicalia (Denis et Schiffermüller)

别名柳残夜蛾。成虫体长约10mm，翅展24—26毫米。体背及前翅灰褐色，两前翅几乎平展在体背，具3条几乎平行的黄褐色横带，外衬棕褐色，内带稍不清晰，外缘具黑褐色点列。

幼虫危害杨、柳等植物。上海地区5—9月份灯下可见成虫。

胡桃豹夜蛾

胡桃豹夜蛾

Sinna extrema (Walker)

成虫体长15毫米左右，翅展32—40毫米。头部及胸部白色，颈板、翅基片及前后胸有桔黄斑。前翅桔黄色，有许多白色多边形斑，外线为完整的白色曲折带，顶角一大白斑，其中有4个小黑斑，外缘后部有3个黑点。后翅白色微褐。腹部黄白色，背面微褐。

幼虫危害枫杨、核桃、山核桃等植物。上海地区7—9月份灯下可见成虫。

犁纹丽夜蛾

Xanthodes transversa Guenée

别名犁纹黄夜蛾。成虫体长15—16毫米，翅展36—40毫米。头、胸部黄色，腹部黄褐色，翅面黄色。前翅中间有两个犁头形褐色线纹，端区具一个大褐斑。

幼虫危害木芙蓉、木槿等植物。上海地区灯下偶见成虫。

犁纹丽夜蛾

霉巾夜蛾

润鲁夜蛾

霉巾夜蛾

Parallelia maturata (Walker)

　　成虫体长18—20毫米，翅展52—55毫米。头、胸部暗棕色，腹部灰褐色。前翅紫灰色，内线直，稍向外斜，中线直，内线和中线间区域紫灰色，外线深棕色，亚端线灰白色，锯齿形，在翅脉上呈白点，顶角至外线尖突处有一深棕色斜纹。后翅暗褐色，端区略带紫灰色。

　　幼虫危害栎树。上海地区7—9月份灯下可见成虫。

润鲁夜蛾

Amaths dilatata Butler

　　成虫体长18—20毫米，翅展45—49毫米。头、胸部红褐色，腹部灰褐色。前翅红褐色微带紫色，内线深棕色，微外斜，剑纹小，环纹大，外线黑棕色锯齿形，齿尖在各脉上断为黑点，亚端线双线棕色，外线与亚端线间色淡灰黄，端线为一列黑点。后翅褐色。

　　幼虫危害烟草。上海地区6月份灯下可见成虫。

青安钮夜蛾

青安钮夜蛾

Anua tirhaca Cramer

　　成虫体长 29—31 毫米, 翅展 67—70 毫米。头、胸部黄绿色, 腹部黑色。前翅黄绿色, 端区褐色, 内线外斜至后缘中部, 环纹为一黑点, 肾形、褐色, 外线外弯, 后端与内线相遇, 前端有一半圆形黑棕斑, 亚端线暗褐色, 锯齿形后翅黄色, 亚端带黑色。

　　幼虫危害柑橘等植物。上海地区 6 月份灯下可见成虫。

朽木夜蛾

朽木夜蛾

Axylia putris (Linnaeus)

　　成虫体长 11—12 毫米, 翅展 28—30 毫米。头顶及颈板褐黄色, 胸背赭黄色杂黑色。腹部暗褐色。前翅淡赭黄色, 中区布有黑点, 前缘区大部带黑色; 基线双线黑色, 中室基部有 2 条黄白纵线; 内线双线黑色波浪形; 环纹与肾纹中央黑色; 外线双线黑色间断, 外侧有双列黑点, 端线为 1 列黑点, 内侧中褶及亚中褶处各有 1 个黑斑, 缘毛有 1 列黑点。后翅淡赭黄色, 端线为 1 列黑点。

　　幼虫取食繁缕属、车前属植物。上海地区灯下偶见成虫。

中文名称索引

（按汉语拼音音序排序）

学名索引

参考文献

何俊华, 陈学新 .2006. 中国林木害虫天敌昆虫 . 北京: 中国林业出版社

蔡邦华 .2015. 昆虫分类学 (修订版). 北京: 化学工业出版社

彩万志, 庞雄飞 .2011. 普通昆虫学 (第二版). 北京: 中国农业大学出版社

蒋杰贤, 严巍 . 2007. 城市绿地有害生物预警及控制 . 上海: 上海科学技术出版社

王焱 .2007. 上海林业病虫 . 上海: 上海科学技术出版社

徐公天, 杨志华 .2007. 中国园林害虫 . 北京: 中国林业出版社

虞国跃, 王合, 冯术快 .2016. 王家园昆虫 . 北京: 科学出版社

虞国跃 .2015. 北京蛾类图谱 . 北京: 科学出版社

袁锋, 张雅林, 冯纪年, 花保桢 .2006. 昆虫分类学 (第二版). 北京: 中国农业出版社

吴时英, 徐颖 .2019. 城市森林病虫害图鉴 (第二版). 上海: 上海科学技术出版社

徐公天 .2003. 园林植物病虫害防治原色图谱 . 北京: 中国农业出版社

丁梦然, 夏希纳 . 园林花卉病虫害防治彩色图谱 . 北京: 中国农业出版社

作者简介

朱春刚

　　绿化林业高级工程师，长期从事绿化有害生物监测预警及无公害控制技术研究和推广工作，上海市绿化职业技能培训中心兼职教师，主持、参与绿化局、农委的攻关、推广课题多项，申请实用新型专利一项，撰写和发表专业学术论文十余篇，参与多部专业书籍及教材的编写。

章一巧

　　工程师，主要从事绿化病虫害防控及技术推广工作。主持并承担了局级课题1个，参与多个局级、处级课题及地方标准的编制工作。荣获上海市市容绿化行业"当好科学发展主力军、打好创新转型攻坚战"劳动竞赛先进个人称号，在核心期刊发表专业论文多篇，曾获中国风景园林学会植物保护专业委员会、上海市风景园林学会、上海市林学会2014—2015学会年会暨华东六省一市林学会学术年会优秀论文，"生态梦·科技芯·青年志"优秀青年科技论文等奖项。

图书在版编目（CIP）数据

图说灯下昆虫：上海地区常见趋光昆虫图册 / 朱春刚，章一巧编著 . -- 上海：上海文化出版社，2021.8

ISBN 978-7-5535-2261-6

Ⅰ . ①图… Ⅱ . ①朱… ②章… Ⅲ . ①昆虫－上海－图集 Ⅳ . ① Q968.225.1-64

中国版本图书馆 CIP 数据核字 (2021) 第 060690 号

出 版 人 姜逸青
责任编辑 王建敏
装帧设计 熊　俊

书　　名　图说灯下昆虫——上海地区常见趋光昆虫图册
编　　著　朱春刚　章一巧
出　　版　上海世纪出版集团 上海文化出版社
地　　址　上海市绍兴路 7 号 200020
发　　行　上海文艺出版社发行中心
　　　　　上海市绍兴路 50 号 200020 www.ewen.co
印　　刷　苏州市越洋印刷有限公司
开　　本　787×1092 1/16
印　　张　9.75
印　　次　2021 年 8 月第一版 2021 年 8 月第一次印刷
书　　号　ISBN 978-7-5535-2261-6/Q.008
定　　价　68.00 元

告 读 者 如发现本书有质量问题请与印刷厂质量科联系
T: 0512—68180628